U0089427

古代歷史文化研究輯刊

四 編

王 明 蓀 主編

第8冊

漢晉之北族與邊疆史論

王 明 蓀 著

國家圖書館出版品預行編目資料

漢晉之北族與邊疆史論／王明蓀 著 — 初版 — 台北縣永和市：
花木蘭文化出版社，2010〔民 99〕
序 2+ 目 2+142 面；19×26 公分
（古代歷史文化研究輯刊 四編；第 8 冊）
ISBN：978-986-254-228-6（精裝）
1. 邊防 2. 歷史 3. 漢代 4. 晉代
599.2092 99012824

ISBN - 978-986-2542-28-6

古代歷史文化研究輯刊
四 編 第八冊 ISBN：978-986-254-228-6

漢晉之北族與邊疆史論

作 者 王明蓀
主 編 王明蓀
總編輯 杜潔祥
印 刷 普羅文化出版廣告事業
出 版 花木蘭文化出版社
發行所 花木蘭文化出版社
發行人 高小娟
聯絡地址 台北縣永和市中正路五九五號七樓之三
電話：02-2923-1455／傳真：02-2923-1452
電子信箱 sut81518@ms59.hinet.net
初 版 2010 年 9 月
定 價 四編 35 冊（精裝）新台幣 55,000 元

漢晉之北族與邊疆史論

王明蓀　著

作者簡介

王明蓀，祖籍湖北當陽，於 1947 年在安徽蚌埠出生，成長於台灣。1970 年畢業於中國文化大學史學系，1975 年獲政治大學法學碩士，1983 年獲教育部國家文學博士。曾任教於淡江、中興、佛光大學，現任中國文化大學史學系所教授。教學及研究範圍主要在於宋遼金元史、史學與思想史、社會文化史、北方民族史等。出版專書有《元代的士人與政治》、《蒙古民族史略》、《中國民族與北疆史論・漢晉篇》、《王安石》、《宋遼金元史》、《遼金元史論文稿》、《宋史論文稿》、《遼金元史學與思想論稿》等十餘種，學術論文八十餘篇；並有關於台灣社區營造、文化資源等文史研究數種。

提　要

本書專論中國北方民族與邊疆之關係，總體而言為歷史上胡漢關係的一部份。主要在於探討自先秦的夷夏分別及邊防政策，至於兩漢形成的北邊政策以及漢晉時期的北疆經營。其次為討論北方諸胡族的逐漸滲透，以及所造成的動亂，與國防問題；又兼及漢晉所承自先秦夷夏觀的發展。故本書所論內容的範圍，起自先秦至於西晉時導致的五胡亂華止。

全書分七章論說，首章為緒論，說明中國史上有長期的胡漢關係，北族生聚之北疆有其考古文化之發現及在歷史上之地位等。第二章討論先秦夷夏的分別以及傳統夷夏觀的形成。第三章論先秦邊防政策的大要，而於兩漢時期逐漸形成的幾種北疆政策及其論點。第四章說明自兩漢漸有北族入居於長城之內，而致於魏晉後有大量的移入。第五章在於分析漢晉時期對北族的和戰、羈縻等政策製訂的過程，並論對北族及邊疆的經營情形。第六章討論自先秦形成的夷夏觀在漢晉時期的發展演進，並略論胡族的生活與民族關係。第七章則為本書的結論。

目次

自　序

是書諸章之作，乃環繞國史之民族與北疆爲主題，其時間上爲先秦至漢晉一段時期。國史之民族關係素爲余所重視，蓋中國之民族與文化爲多元形成，歷史之研究實不宜忽略其他之民族，亦不得隨處以漢族之立場唯是。故余近三、四年來，乃選定本書之主題作系列之研究；其中數篇亦曾發表，以求就正於方家。

自余習史以來近二十年，每念父母親大人茹苦教養之恩；蹉跎歲月，幸雙親並在。今書成之際，聊表感恩之情於萬一。是爲之序。

丁卯年仲春明蓀寫于淡水淡江大學

再版序

本書的初版刊行距今已過二十年左右，當時的書名是《中國民族與北疆史論・漢晉篇》；但初版約在十年前已告絕版，不再流行於市面。爲了本書的通行及學術的交流，於是在這次刊行《中國歷史文化研究輯刊》時，應出版社之請，遂有再版的念頭。不過這次再版，對初版的原作並未多作修訂，原因是近十餘年來在教學及研究上較集中於宋遼金元這一段近古時段的歷史，其他範圍則未能有多餘的時間與精力以進行繼續研究，只有暫時擱置。其次，本書探討的課題在於先秦以來至於漢晉時期夷夏觀的形成與演變，以及這段時期對北方民族的政策與北疆經營等，將這二條主軸以史論形式來貫穿，而不在於將漢晉以來與北方民族的各種關係做歷史敘述，因此，即便是近十餘年來有關的論著不少，但對本書而言，並未能產生課題主軸論點的改變，故而增補刪訂似非必要的工作。況且筆者對此一課題不過提出個人的論點以及論述的方式，能否成其說，則有待於學界的檢驗。

在初版寫作當時，對於徵引史料文獻是就手邊的方便而使用，這次再版，除作校對之外，也將徵引史籍、論著、註解形式等作修訂整齊，少部分文字也略作修訂，大體如此。關於北方民族的族源、族屬，以及民族的形成、塑造等，本書中皆不作討論，這些課題應是在另外的專題來探討，故本書僅就史籍所載，將漢晉時期與北族的歷史關係、夷夏觀念等，分別加以處理，看其間歷史的變動，並且企圖引申出五胡十六國登上歷史的舞臺，其來有自，而非突然出現北族的滲透、征服，造成西晉之滅亡及南、北朝局面的形成。

2010年，仲夏，序於華岡

第一章 緒 論

國史的擴大綿延這一觀點，是現代在國史教學與研究上的重要方向。但不容諱言地，過去所謂國史是以漢族爲中心的天下觀，其餘都是「非我族類」的異族或外族，所以國史的範圍就局限於漢族朝廷政制所及之處。元、清兩朝代的建立，往往被視爲「中國」的二次亡於外族，不惟元、清之末有驅逐韃虜、恢復中華的號召，在漢族朝廷也以爲夷狄之人，應「外而不內，疏而不戚」〔註1〕；這種強調民族的觀點，雖有其政治上的作用，但卻會導致對國史之誤解與偏狹觀念。

國史所述幅員遼闊且年代久遠，單以漢族之興衰是不易見其全貌的，最明顯的是當非漢族治理中國之時，不論是治理中國的全部或部份，通常會被認爲是國史中的不幸時代，舉凡壓迫、黑暗、腐敗諸名詞都成爲描述這些時期的籠統說法。當漢族與外族訂立條約時，多認爲是屈辱含憤之恥；若雙方的戰爭，則多歸咎外族之寇邊貪利爲主；如有居於內地的外族變亂，就是因其獸心橫暴之故。上述這些觀點不過就國史中較常見之處而言，至於其他在民族關係、社會、文化等方面皆不乏誤解與偏狹之例，在此暫不敘述。

清代中期以後西洋勢力的臨近日急，中國不得不面對這些新的「蠻夷」，而朝野人士絕大部份秉持著傳統之夷夏觀念，在清初對外的交涉中雖已顯露無遺，但爾後國勢日衰，逼迫日重，不能不求「師夷長技以制夷」；加上邊防所受之威脅，於是展開了對新、舊「蠻夷」之重視與研究。舊有「蠻夷」之研究，就是對邊疆地區的民族、地理、政制、歷史等的探討；與其說是具有

〔註1〕見《漢書》，卷九十四下，〈匈奴傳下〉（臺北：臺灣商務印書館，百衲本，以下諸史者皆爲此本），頁32下。

了國史擴大綿延的觀點，毋寧說是新「蠻夷」帶來了較大的刺激，但無論如何已開啓了這擴大綿延的路途；加上民國以來一則為五族共和之倡導，二則受西方史學之影響，國史的教學與研究就有了新的面貌。

中國民族的構成相當複雜，故而各民族糅合的過程成為國史發展的重要部份。就史書的記載來看，歷代都有所謂的邊患，五胡與北朝，以及遼、金的分中國而治，到元、清的入主，是古代所說「蠻夷滑夏」最嚴重的結果。不可否認地，這些「戎狄」之禍都在國史之中，故而在教學與研究上，通常有下面幾種方式來處理：第一，在亞洲史、甚至世界史的觀點來看，如對北亞洲民族的移動、蒙古帝國的世界性質等的觀察。第二，就民族史的立場來看，如匈奴史、鮮卑史等包括各民族之歷史、語文、社會等各方面單獨或綜合地觀察。第三，就其在國史上所建立的朝代來看，即前述北朝、遼、金、元、清等斷代史之研究，即所謂「征服王朝」之研究。第四，就各朝代邊疆、國防、對外關係、民族問題等方面來看，這往往也提供了許多民族在中國內外之活動，以及其興起的前景。第五，後一朝代中對前代外族所遺留之問題與影響之觀察，如說隋唐政制中受北朝影響的部份等。以上粗舉數端，即使不提擴大綿延的觀點，已約略可知民族與邊疆問題在國史中之地位。進一步再就國史初期的發展中舉例來看，也可明瞭其比重如何。

夏、商、周三代本身間的民族與文化問題就是上古史中的重點〔註2〕，而在文獻上從黃帝開始至禹時的蚩尤、葷粥、九黎、三苗、蠻夷等都是古史上眾所周知的大事。西周覆亡與犬戎有關，春秋時高唱「尊王攘夷」，是因為「夷狄也，而亟病中國，南夷與北戎交，中國不絕若線」〔註3〕的背景，而傳統夷夏觀念的形成（詳下章），到晚清都有其影響〔註4〕。至於戰國時的民族與邊疆之重要性，可看《史記》、《漢書》的〈匈奴傳〉即知，所謂「冠帶戰國七、而三邊於匈奴」。〔註5〕

秦祚短暫之中，今人猶知其修連長城以拒胡，以及蒙恬將大軍北擊匈奴

〔註2〕參見張光直，〈從夏商周三代考古論三代關係與中國古代國家的形成〉，《屈萬里先生七秩榮慶論文集》（臺北：聯經出版事業公司，民國67年），頁280～360。

〔註3〕見《春秋公羊傳》，卷十，〈僖公四年〉（臺北：東昇出版事業公司，十三經注疏本，以下所引經書皆此本），頁14上。

〔註4〕參見楊聯陞著、邢義田譯，〈從歷史看中國的世界秩序〉，《食貨月刊》，復刊第二卷第二期（臺北：食貨月刊社，民國61年5月），頁1～8。

〔註5〕見《史記》，卷一一○，〈匈奴列傳〉，頁6下。

等爲當時的要務，可見其時「胡漢」關係之緊張。從白登之圍到和親政策之遂行，說明了漢初東亞南、北兩大勢力的高低；雙方並正式以長城爲國界〔註6〕。漢武帝討伐匈奴是讀史者皆知之事，而他在國史中地位的顯著，也正與此有密切關係，這裏且不必贅述其經過，但知雙方元氣大傷；《史記》裏對雙方人馬損失有約略的估計，但記載對匈奴的影響則遠不如漢朝廷之詳：

> 匈奴絕和親，侵擾北邊，兵連而不解，天下苦其勞，而干戈日滋，行者齎、居者送；中外騷擾而相奉，百姓玩弊以巧法，財賂衰耗而不贍。入物者補官，出貨者除罪，選舉陵遲，廉恥相冒，武力進用，法嚴令具。興利之臣，自此始也。……又興十萬餘人築衛朔方，轉漕甚遼遠，自山東咸被其勞，費數十百巨萬，府庫益虛。乃募民能入奴婢，得以終身復，爲郎增秩，及入羊爲郎，始於此。……捕斬首虜之士，受賜黃金二十餘萬斤，虜數萬人，皆得厚賞，衣食仰給縣官；而漢軍之士馬死者十餘萬，兵甲之財，轉漕之費不與焉。於是大農陳藏錢經耗，賦稅既竭，猶不足以奉戰士。……吏道雜而多端，則官職耗廢。……其秋（元狩二年）渾邪王率數萬之眾來降，……是歲，費凡百餘巨萬。……天子爲伐胡，盛養馬，馬之來食長安者數萬匹，卒牽掌者，關中不足，乃調旁近郡。而胡降者，皆衣食縣官，縣官不給，天子乃損膳，解乘輿駟，出御府禁藏以贍之。……黎民重困。……其明年（元狩四年），……賞賜五十萬斤，漢軍馬死者十餘萬匹，轉漕車甲之費不與焉。是時財匱，戰士頗不得祿矣！〔註7〕

上面這段原文只說明了伐匈奴初期的情形，已經弄到「黎民重困」的地步，無怪乎武帝遭人指責爲竭天下之財以事四夷了。〔註8〕

東漢的匈奴仍是個重大問題，但經過西漢的經歷，逐漸取得優勢。東漢

〔註 6〕漢文帝給匈奴單于的國書中說：「先帝制，長城以北，引弓之國，受命單于，長城以內，冠帶之室，朕亦制之，……（單于）書曰：二國已和親，兩主驩說：……朕甚嘉之。」既去長城爲界乃循「先帝制」，可知當係高祖時已訂之約，「二國」、「二主」，更明言爲並立之兩國關係。見註5，頁18下、19上。

〔註 7〕參見《史記》，記有雙方人馬之損失。本段原文引自卷三十，〈平準書〉，頁3下～9下。

〔註 8〕司馬遷說武帝「外襄夷狄，內興功業，海內之士，力耕不足糧饟，女子紡績不足衣服，古者嘗竭天下之資財以奉其上，猶自以爲不足也」，見《史記》，〈平準書〉，頁21上。司馬光則以爲武帝之作爲與秦始皇相差無幾，見《資治通鑑》，卷二十二（臺北：世界書局，民國61年），頁747。兩史家所論武帝，固不獨指伐匈奴之事，但在外事四夷之中，匈奴問題影響最大則無可疑。

初匈奴分裂，南匈奴款塞稱臣，北匈奴被擊破遠走，到此歷二百餘年總算擺脫來自此北疆的威脅。然而漠北又有新起之鮮卑人取代北匈奴之故地，南匈奴附塞也始終是北疆的民族問題。前者逞強於曹魏與西晉，終而建立北魏；後者即起首五胡亂華，覆亡西晉。於此即不再多述。

東漢雖控制了北疆，但西方又有羌禍與之相終始，兩漢民族與邊疆問題何能不重？史書上說：「中興以來，羌寇最盛，誅之不盡，雖降復叛」〔註 9〕，到東漢末年時猶有記載說：「關西諸郡，頗習兵事，自頃以來，數與羌戰，婦女猶戰戟操矛，挾弓負矢」〔註 10〕。寫東漢歷史的范曄，他說西羌的禍亂是這樣的：

> 中興以後，邊難漸大，……東犯趙魏之郊，南入漢蜀之鄙，塞湟中、斷隴道、燒陵園、剽城市，……更奉征討之命，……馳騁東西，奔救首尾，搖動數州之境，日耗千金之資，……前後數十巨萬。……惜哉，寇敵略定矣，而漢祚亦衰焉！〔註 11〕

西羌問題竟困弊東漢首尾。再根據近人之研究來看，它確是兩漢除匈奴外，最嚴重的邊疆問題。〔註 12〕

漢末三國值天下亂，民族與邊疆皆擾動不安。由於兩漢以來胡人逐漸入居，不止沿邊州郡遍佈，也有散佈在內地中心地區者，這些都成爲國內的民族問題，而邊疆似乎永遠有其他民族不斷地再塡補進來，民族的移動有如波浪般或大或小的推動。這時期的狀況也日形複雜，類似先秦胡漢雜糅的情形。到此可以提出兩個問題：一個是關於亞洲民族移動的觀察，它也牽連到前面所述及的匈奴移動，這留待後面說明。一個是胡漢勢力消長與醞釀的問題，近代較早對這問題作專題探討的是陳寅恪，他以邊疆民族勢力之消長與唐朝廷之關係來論證，認爲外族之盛衰有其連環性之推移，此與中國的外患

〔註 9〕見《後漢書》，卷六十五，〈段熲傳〉，頁 26 下。

〔註 10〕見前書，卷七十，〈鄭太傳〉，頁 3 上、下。另見《三國志》，卷十六〈鄭渾傳〉，裴松之注引〈張璠漢記〉，頁 23 上、下。

〔註 11〕見《後漢書》，卷八十七，〈西羌傳〉，頁 40 上～42 上。

〔註 12〕關於漢代西羌之問題，可參見闞鎬曾，〈兩漢的羌患〉，《政治大學學報》，第十四期（臺北：政大，民國 55 年 12 月），頁 177～216。另見管東貴，〈漢代的羌族〉（上、下篇），《食貨月刊》，復刊第一卷第一、二期（臺北：食貨月刊社，民國 60 年 4～5 月），上篇見頁 15～20，下篇見頁 87～97。另文〈漢代處理羌族問題的辦法的檢討〉，《食貨月刊》，復刊第二卷第三期（民國 61 年 6 月），頁 129～154。

與內政有密切關連〔註 13〕。陳氏雖只舉唐代爲例，但同樣的理論正可以用之於整個國史之中。

西方學者衛特福格（K. A. Wittfogel）將秦漢到清分爲兩大部份排比，一是典型的中國朝代（Typically Chinese Dynasties），包括秦漢（221B.C.～A.D.220），南朝與北方的中國朝廷，以及隨唐、宋、明等，一是征服和滲透朝代（Dynasties of Conguest and Infiltration），包括北魏及其前後的北方蠻族朝廷，以及遼、金、元、清等；兩部分各佔五個時期〔註 14〕。日本學者田村實造在研究中國的征服王朝時，也提及前述衛特福格的說法。他並且指出自遼朝領有燕雲十六州的華北地區，到元朝退出中國地區，共有四三一年，加上清代的二六九年共達七百年，佔了秦統一中國以後二千餘年的三分之一，可見征服王朝實爲中國的一環。他又以二大部份來說明北亞民族與漢民族之歷史關係，一是民族移動時期，指五胡（308～439）南北朝（440～588）時期，一是征服王朝時期，指十至十四世紀。〔註 15〕

以上舉中、美、日三位學者爲例，說明國史中邊疆民族所佔之比重，這只是在歷史發展中一個普通性的鳥瞰，至於這些邊疆民族和漢族間相處之模式，及其對中國文化各方面之影響等，都是相當複雜與廣泛的〔註 16〕，這些也是今後繼續研究的重要課題。

關於民族移動方面，通常從國史中民族的分布與遷移來觀察。一般而言，對上古時期的研究較有專題性質，可能是那時中國的民族與文化正在長期的形成之中。秦漢統一之後，「胡漢」之分已明，故民族之移動多在邊疆問題中討論，或者探討入主中國的邊疆民族的先世之時，但對移動的理論作通論性地考察似乎不是這類研究者的主要目的〔註 17〕。如果以北疆民族經常寇

〔註 13〕參見陳寅恪，《唐代政治史述論稿》，下篇〈外族盛衰之連環性及外患與內政之關係〉，《陳寅恪先生全集》上冊（臺北：九思出版社，民國 66 年第三次修訂版），頁 274～304。

〔註 14〕參見 Karl. A. Wittfogel and Feng Chia-Sheng, *History of Chinese Society: Liao* The American Philosophical Society, 1949, PP.24~25。

〔註 15〕參見田村實造，《中國征服王朝の研究》（中），〈中國征服王朝にクいてー總括にガ元てー〉（日本：京都大學東洋史研究會，昭和 46 年），頁 625～655。

〔註 16〕這些方面概略的說明，以及前述二位學者的看法，可參見陶晉生，《邊疆史研究集——宋金時期》，〈邊疆民族在中國歷史上的重要性〉（臺北：臺灣商務印書館，民國 60 年），頁 1～15。

〔註 17〕就國史中對民族移動提出通論性地研究，並建立其理論者，在國內如札奇斯欽，《北亞游牧民族與中原農業民族間的和平戰爭與貿易之關係》（臺北：正

邊的行爲來看，在過去對這種民族移動的傳統看法就是「天性貪利」之故，顯然這是皮相之言與偏見所造成。

中西學者對於民族移動的看法固不僅限於中國爲對象，但通常都包括了對中國之觀察在內，尤其是北方游牧民族之南侵的探討，大體上所提出的理論有下列幾種：（一）氣候變遷說；（二）人口膨脹論；（三）貿易受阻論；（四）生產方式說；（五）強化統治權的政治論；（六）心理上的平等對抗說。這些理論很難取其一爲定論，若作綜合的觀察，應該能得到全面的了解。總之，它已是國際上研究的重點之一。〔註 18〕

在中國邊疆民族的移動方面，就大體而言是由北往南以及由西往東，也有由東往西的移動。前者所造成的波動與結果，要比後者來得嚴重，尤其是進入內地建立政權者全都是來自北方（廣義之北方），故而北疆的騷動也是最大。這一大片地區的民族，在先秦時期有許多倒是由內地往北移的，即被所謂「攘夷」攘走的戎狄，而後他們仍要南下，成爲北疆之患，其中融合有原來生聚於北疆之外的民族，以及由別地移動來的其他民族等，詳細的情形恐怕難以確知。過去對先秦這些民族的考察，通常唯有靠文獻的記載來做探討，而近代以來，由於考古上的發掘，又提供了不少這方面的資料與看法。

中國民族之形成大半出於蒙古種血統爲其基本成分，但蒙古種有不同之宗派，這些宗派是否在中國境內或鄰近地區完成的，至今仍是個待解決的問題。除去蒙古種外，中國民族在尚未形成期間，已有若干非蒙古種的血統成分散居在中國內外各地，而民族之演變與生活方式之改變是互爲因果的關係，亦即生活方式的一致，可以納入不同之血統；而血統的變化，也能引起生活方式及內容上的變化〔註 19〕。生活方式可以看爲廣義的文化，這就成爲

中書局，民國 62 年）。

〔註 18〕以上諸理論可參見陶晉生前揭書，頁 8。另見蕭啓慶，〈北亞游牧民族南侵各種原因的檢討〉，《食貨月刊》，復刊第一卷第十二期（臺北：食貨月刊社，民國 61 年 3 月），頁 1～11。另可參看 Owen, Lattimore, *Inner Asian Frontiers of China*, N. Y. Beacon Press, 1962。W. Eberhard, *Conquerors amd Rulers*（臺北：宗青圖書出版公司，影印本）。W. H. Mcneill, *The Rise of the West*, The University of Chicago. 1963，指出五胡亂華與歐亞草原旅移有關，見 PP.422～429。W. M. Mcgovern, *The Early Empire of Central Asia*, The Univ. of North Carolina Press, 1939，亦論亞洲民族移動問題。

〔註 19〕參見李濟，〈史前文化的鳥瞰〉，收在杜正勝編，《中國上古史論文選集》，上冊（臺北：華世出版社，民國 68 年），頁 204。關於中國民族問題，可參見芮逸夫，〈中國民族概述〉中四篇論文，見《中國民族及其他文化論稿》，上冊

民族與文化間交互的關係了。

北疆在全國考古資料中是最為貧乏的地區之一，同時尚不易看出經過謹細整理的成果。就目前的研究來看，北疆有兩個重要的文化區：一是東蒙古地區，二是河套地區。在時代上可分為新石器時代的純粹史前史，以及屬於史前，但多少有文字資料言及可供參考的金屬器時代，也就是有「遠史」（telehistoric）、「近史」（Parahistoric）材料可資利用的時代〔註20〕。先期的概念是以細石器文化代表在北疆的新石器時代文化，它除了東蒙古和河套地區外，另有陝西沙苑、東北昂昂溪，並且還向西延申到新疆，同時在長城一帶和仰韶文化接觸〔註 21〕。現在且以東蒙古與河套二地區再稍作進一步的說明。〔註22〕

在新石器時代北疆的自然景觀，與現在的乾燥草原有很大的不同，故而發掘的石器中，除去與狩獵採集式生活有關之外，還發現與農耕生活有關的石器，也就可以理解了。由陶片上還可以見到禾本科草葉的痕跡，又有牛羊等家畜的骨骼，是以農牧存在的可能性是極大的。東蒙地區的發掘包括熱河、察哈爾南部和河北的北部，最富代表性的是林西鍋撐子山與赤峰紅山後兩地，而這兩地的文化在東蒙都有相當廣泛的分布。目前認為紅山後文化是鍋撐子山式的東蒙土著細石器文化，是在中原仰韶文化影響下的產物，而鍋撐子山的陶片出土，其紋飾的特徵卻是北歐亞所常見的。另外，在富河溝門發現有十七處房址遺跡，以及卜骨，其陶紋呈現出與北歐亞和北美史前時代的「搖椅式印紋法」（Rocker-stamping）相似形式，這都些是極其重要的材料。另外，紅山後文化之發現，對於長城南北的新石器文化關係有很好的線索。〔註23〕

河套重要的遺址集中在其東北角以及西南角兩區。東北角指大青山以南的沿河岸，以清水河縣的白泥窰子文化為代表，它有新石器時代晚期的兩種

（臺北：臺灣藝文印書館，民國 61 年 2 月）。

〔註20〕參見張光直，〈考古學上所見漢代以前的北疆草原地帶〉，《史語所集刊》，第四十三本（臺北：中研院，民國 60 年 9 月），頁 279。

〔註21〕參見安志敏，〈新石器時代〉，收在《考古學基礎》（臺北：帛書出版社，民國 74 年），頁 34～38。

〔註22〕以下所述大體按註 20，張光直之研究結果。

〔註23〕參見尹達，《新石器時代》（臺北：坊印本），頁 145～146。農耕問題可參見 Kwang-Chin Chang, *The Archaeology of Ancient China*, Yale Univ. press, 1970, pp.351~362。

不同性質的文化，一種具有中原仰韶文化之特點，並且與庙底溝彩陶文化相近似；一種具有山西陝西龍山文化的特徵。目前認為前者要早於後者，而且兩者分別代表了中原仰韶與龍山文化向河套地區的延伸。白泥窰子的兩種文化在河套東北角都有廣泛的發現，所發現的遺物中有細石器文化的成分，西北方很可能是其來源。至於河套西南角是指寧夏東端的黃河沿岸，所發現的材料較少，文化內容也較單純，以細石器為其特徵，間有仰韶與龍山式陶片。

在金屬器時代仍以東蒙與河套來說明。東蒙地區重要的新材料以赤峰附近的夏家店為主，由夏家店下層文化中可知有發達的農耕與部份的銅業，其石陶器與河北龍山和殷代文化有相似之處，年代上與殷商時期相當。由夏家店上層文化所見之居址與葬墓，可知其時與東北的遼河下游和松花江上游之關係密切；雖然農業是其特徵，但畜牧業也佔有相當重要的地位。器物中有濃厚的游牧文化色彩的青銅器，可以說明它與北歐亞同時的游牧文化有密切之關係，而它又顯示出有定型的個別文化系統；過去通常把它歸到「河套青銅器」（Qrdos bronzes）類中，顯然是不恰當的。

「河套青銅器」又稱為綏遠式或中國西伯利亞式銅器，它的年代說法差距相當大，又牽涉到北歐亞動物紋美術的起源，與商代青銅美術以及西方青銅美術的關係問題。目前可靠的資料不足，沒有發現可斷在商周時期的青銅器遺址，無從得知這裏的史前土著文化如何產生青銅器文明的歷程，但是可以知道河套在新石器文化之後，曾有一段興盛的青銅器文化，與東蒙的情形相似。

北亞的新石器文化可以分為四類：華北中原文化；中原東北沿太平洋岸北上的太平洋海岸文化；中原文化以北貝加爾湖新石器文化為代表的森林漁獵文化；中原文化西北以鹹海地區的克爾提米那（Keltiminar）文化為代表的草原狩獵文化。以此來看北疆新石器文化，它具有上述四類文化系統特徵的混合，以不同之時空呈現不同的比重。東蒙的鍋撐子山文化顯然有濃厚的北方色彩，但到了紅山後文化時期，它又呈現出濃厚的中原色彩。河套的早晚兩型新石器時代，部份有北方色彩之外，基本上還是中原文化的延伸，但不論如何，它們的新石器文化都具有其地方的特色，不僅僅是各方文化的混合而已。

上面敘述了近人對史前北疆考古上的研究，由於各種代表性的文化有其地方的特色，也有與其他文化的關連性。若以考古與文獻的互相參考，再將民族與文化關連，可以對新石器時代至商代的情形有部份的概念〔註 24〕。又如周人早期的民族與文化已知與西方的羌族有部份的融合〔註 25〕，像這樣探討的經過應該是研究上古民族的正確方法。

國史中民族與邊疆問題的重要與複雜性正如歷史的洪流一般，時而怒濤洶湧，時或緩和平伏，卻總是一股不止的巨流。北疆及其民族問題成爲本文的論點，主要著眼於它在國史中的比重之故。從春秋攘夷、戰國拒胡，到秦漢時期胡漢雙方長期的對抗，大體看來華夏方面的漢族是逐漸佔得了優勢，即使其間有「胡氛」高漲之時，但多半漢族還能保持對抗的均勢，照此長期的發展，何以竟至產生五胡亂華之局面？尤其當北亞強權的匈奴瓦解後，迄魏晉之際，都沒有產生足以替代當年匈奴的強大勢力，這的確是令人深思之問題。本文即述論由先秦至漢晉這一長時期歷史發展的「胡漢關係」，個人以爲秦漢與匈奴是亞洲長期對峙的兩大強勢，而在國史中他們彼此的衝突與消融多見於戰爭性質的論文，故而試圖就較理論性質的探討，一則說明秦漢整個時期的各類北疆政策議論；一則透過這些議論，可以提供爲明瞭後代對同樣問題的討論基礎。但這種較理論性質的探討，還是要先論述先秦即已產生「非我族類」的觀念，尤其長城之分界並非起於兩漢，對兩個不同天下的意識已在先秦的夷夏觀中表現出來，同樣地，這個夷夏觀也大體支配了中國二千餘年，是不能也不該忽略的。兩漢既已擊破匈奴，國防上之考慮始終存在，而緊接著來的是降胡的民族問題，漢廷著重的是將之一并考慮，降胡的入居與治理漸有趨重之形勢，似乎國內胡漢關係的嚴重性要超過國外了；經過漢末魏晉之發展，終要到一解決的地步。本文所採史論性的研究，爲的是要將論述集中在一個假設上：即國史中胡漢關係初期的發展以五胡亂華作一結束，但並不是主觀上胡人要亂華，而歸之於大動亂之所造者；而是在民族融合之勢中，胡人處於夷夏觀念之下力求解放的結果。

外族長期入居，戶口蕃息，其尚武強力依然，如「三晉烏桓爲天下名騎」〔註 26〕可知。五胡雜居內地，部份受漢人教育，多得東漢經學之舊傳統，並無當時名士貴族之清談玄理〔註 27〕；他們可將胡漢長期相結合，並得質樸之

〔註24〕參見許倬雲，《西周史》（臺北：聯經出版事業公司，民國 73 年），頁 12～18。

〔註25〕參見前註書，頁 50～53。

〔註26〕見《三國志》，卷三十，〈烏丸傳〉，頁 5 上。

〔註27〕參見錢穆，《國史大綱》，上冊（臺北：臺灣商務印書館，民國 73 年修訂十一

純。而統治階層之魏晉政權，陰謀篡竊，不獲人心，社會中堅之知識分子「反動回惑消沉無生路」，以至思想界沒有出路〔註 28〕。統治之漢人驕逸虛浮於上，受制之胡人得質樸之純，其自身待遇又復沉淪於下，故力求解放可說是世運使然，而勢不可免了。

最後還要說明兩個地方，一是北疆的範圍，它是指廣義的北部邊疆，本文所涵蓋之地區大約在北緯四十二度一線之南北；東自遼河上游熱河省境，往西沿長城以北，到準噶爾盆地，包括熱河、察哈爾、綏遠、寧夏、新疆北部，以及河北、山西、陝西三省之北緣，加上遼寧西部地區等〔註 29〕。這一廣大地區，通常以長城一線的兩邊作爲討論夷夏關係的重點，而長城的修築在先秦已頗爲普遍，各國彼此之間的攻防，或者拒斥夷狄之族，都有修築長城的記錄；如楚襄王爲爭強中國，築有號爲「方城」之長城〔註 30〕，其他齊、中山、韓、趙、魏、燕、秦都有長城，他們爲彼此的國防而築城寨。但如趙、燕、秦等另有北邊長城，而魏又有西邊長城，魏西長城當惠王時爲防秦與戎而修，有其雙重目的，秦長城修連而成於昭王時，當時正攻滅義渠之戎，特別擴大構築，趙之北長城是築於武靈王時，是時攻破林胡、樓煩而築城以禦，燕之北長城當昭王破東胡時所修。在時間上，這些爲抗拒夷狄民族而修的北邊長城，約爲紀元前四世紀中期至紀元前三世紀的晚期〔註 31〕，可知夷夏間之對立、戰守，早在先秦就開始以長城爲界了，並不特定到秦漢時爲抗拒匈奴來修連長城。秦統一中國後，諸夏內地的長城皆爲平除，北邊長

版），頁 103、208～209。

〔註28〕同註 27，頁 165～170。

〔註29〕範圍之界係採註 20，張光直之界說。

〔註30〕參見《史記》，卷四十一，〈越王勾踐世家〉，〈正義〉引《括地志》之說，頁 8 下。另見《漢書》，卷二十八上，〈地理志〉，南陽郡，葉縣，及王先謙集解，頁 20 上、21 下。

〔註31〕就《史記》所載各國長城如下：齊長城，見卷六十九，〈蘇秦列傳〉：「齊……長城鉅防，足以爲塞」，頁 22 上。中山長城，見卷四十三，〈趙世家〉：「成侯六年，中山築長城」，頁 17 上。魏長城，見〈蘇秦傳〉：「西有長城之界」，頁 10 下。燕長城，見卷七十，〈張儀傳〉：「說燕昭王曰，……則易水長城，非大王之有也」，頁 16 下～17 下。趙長城，見卷四十三，〈趙世家〉，武靈王十九年：「……我先王因世之變……立長城」，頁 21 上、下。秦長城，見卷一一〇，〈匈奴傳〉：「秦昭王時……於是秦有隴西、北地、上郡，築長城以拒胡」，頁 5 下。關於長城之研究，可參見王國良，〈中國長城沿革考〉，壽鵬飛，〈歷代長城考〉，兩文收在《長城研究資料兩種》（臺北：明文書局，民國 71 年 10 月）。黃麟書，《秦皇長城考》（九龍：造陽文學社，民國 61 年 10 月）。

城則修連強固，正說明了北疆的形勢與夫敵國之強。

另外，本文所用的「胡」字，是根據古代當時的稱呼，「夷夏」、「中國」、「內外」等詞亦復如此，並沒有輕視或非我族類的意思在內。在漢時匈奴單于曾自稱「胡者，天之驕子也」〔註 32〕，可知「胡」、「夷」之類的稱號，在古代歷史上未必就只有輕視的一種意義。

〔註 32〕見《漢書》，卷九十四上〈匈奴列傳〉，頁 29 下，又頁 7 上。匈奴稱其單于爲「撑犂孤塗」，謂天爲撑犂，謂子謂孤塗，按 Tenggeri（天），Kéüd（子息）即爲其對音，亦即天子也。

第二章　論上古的夷夏觀

第一節　上古史中的夷與夏

就字源上來說「夷」、「夏」兩字所指，與後來的夷夏觀念略有出入。《說文》解釋夏字為「夏，中國之人也，从夊、从頁、从臼，臼、兩手，夊兩足也。」段玉裁將之引申為「大」〔註1〕。若從殷墟出土的「人」字象形陶片來看，就是「大」字之所本，或直視為「大」字亦可。至於「夏」字則無定論〔註2〕。這些或提供了對夏字意思的概念，夏字又常與華字連用，但殷墟文字中不見其連用，亦不見華字。或其時無此字。金文中則發現華字，「華夏」一詞殆始於周時，此係周人尚文彩、表彰文化之風〔註3〕。夏字相關的名詞還有「諸夏」、「區夏」、「諸華」、「東夏」、「大夏」等等。

華與華夏的分別使用與連用，在上古時期並不統一，其所指涉也有時並不明顯。《左傳》襄公二十六年說子儀之亂，析公奔晉「楚失華夏，則析公之為也。」〔註4〕晉人由此侵奪蔡、沈及楚北之地，可以知其時所指華夏之地

〔註1〕見徐灝，《說文解字注箋》，第五下（臺北：廣文書局，民國61年），頁56。

〔註2〕參見李濟，《殷墟器物》，甲編陶器上，圖版陸拾壹。「夏」字參看陳夢家，《殷墟卜辭綜述》（以下簡稱《綜述》，臺北：大通書局，民國60年），頁338。另見李孝定，《甲骨文字集釋》（臺北：中研院史語所，民國54年），頁0229、3939等所編。

〔註3〕參見田倩君，〈中國與華夏稱謂之尋源〉，《大陸雜誌》，第三十一卷第一期，頁17～24。錢賓四先生以為華夏之名起於夏禹之源，見《國史大綱》，上冊（臺北：臺灣商務印書館，民國45年），頁7。

〔註4〕見《左傳正義》，卷三十七，（臺北：東昇出版事業公司，影印十三經注疏本，以下所據十三經皆此本。省稱《左傳》），頁15上。

望。但《國語》中亦記同一事，而其指謂則為東夏。〔註 5〕

《左傳》其他地方又有華與諸華之稱：襄公四年說晉侯將伐戎狄，魏絳不表贊同；認為勞師伐戎「諸華必叛，戎，禽獸也，獲戎失華，無乃不可乎？」〔註 6〕同樣地，《國語》中亦記此事，而韋昭注以諸華為華夏〔註 7〕，這裏所指範圍較廣，同時也指出了華戎之別。

襄公十三年記載議楚共王的諡號時說：「撫有蠻夷，奄征南海，以屬諸夏。」〔註 8〕指出諸夏與蠻夷之對稱。閔公元年管仲言於齊侯：「戎狄豺狼，不可厭也。諸夏親暱，不可棄也。」〔註 9〕是又有戎夏對稱與其分別。諸夏在《國語》中亦有二例可明：晉獻公伐驪戎，史蘇說：「……戎、夏交捽……有男戎必有女戎，若晉以男戎勝戎，而戎亦必以女戎勝晉……諸夏從戎，非敗而何？」〔註 10〕這裏分出諸夏、驪戎是很明顯的，而男戎、女戎之戎係指兵也，而非指方國，開頭所說戎夏交捽，此夏係指晉國，定公四年封唐叔於夏墟，知為晉或夏之本土，夏人之後多在此〔註 11〕。又吳王夫差有伐齊之意，申胥進諫：「昔楚靈王不君……不修方城之內，踰諸夏而圖東國……」韋昭注曰：「諸夏，陳、蔡。東國，徐夷、吳、越。」〔註 12〕是知夏必不在東。

大夏則與唐晉有關，《左傳》中說：「遷實沈于大夏，主參，唐人是因，以服事夏商。……及成王滅唐，而封太叔焉，故參為晉星。」〔註 13〕此與前引史蘇說晉獻公，以及定公四年之封夏墟可互見。

區夏猶指夏，〈康誥〉中說：「惟乃丕顯考文王，……用肇造我區夏，越我一二邦，以修我西土。」〔註 14〕是周以承夏自居。緣夏盛之時疆域有晉

〔註 5〕《國語》，卷十七，〈楚語上〉（臺北：河洛圖書出版社，民國 69 年，以下所據《國語》皆此本），頁 537。又《左傳》，襄公二十三年，昭公元年及十五年皆有東夏之稱，所指為曹、衛之地，是可與《國語》參看。

〔註 6〕見《左傳》，卷二十九，頁 22 上。

〔註 7〕參見《國語》，卷十三，〈晉語七〉，頁 441。而頁 443，悼公十二年有「子教寡人和諸戎狄而正諸華。」所指相同。

〔註 8〕見《左傳》，卷三十二，頁 5 上。

〔註 9〕見《左傳》，卷十一，頁 1 下。

〔註 10〕見《國語》，卷七，〈晉語一〉，頁 252～255。

〔註 11〕見《左傳》，卷五十四，頁 19 上、下。

〔註 12〕見《國語》，卷十九，〈吳語〉，頁 598。

〔註 13〕見《左傳》，頁 20 下、21 上。

〔註 14〕見《尚書正義》，卷十一，頁 3 上。同樣地「君奭」中說：「惟文王尚克修和

唐、魯西、豫西之區，文明古國甚多，是夏文化不因國亡於商而消失，至春秋時其痕跡仍在，故這區域或泛稱爲諸夏。商可能也以諸夏自居，周入主中國，仍泛稱爲夏。則夏字在商周千年多的命運，猶如漢字在魏晉以後至今的命運。〔註15〕

至於三代時夏之區域，大致偏西，包括今山西省汾水流域，河南省西部、中部，伊洛嵩高一帶地方，東不過平漢線，西則有陝西渭水下流〔註16〕。夏之地望及其名稱之使用，不論指涉範圍大小，至少可知夏地約可爲中原之地，即華中略偏西方，上述範圍內全部可稱爲夏、諸夏、華夏等，而其中一部份亦可稱之。夏爲該地文明相當高且勢盛之國，爲四方供仰望。所謂堯舜禹之禪讓，固有後人理想之假託，但唐虞之民地也都爲後來之夏地、夏民，此種君位之推選不必疑其全無，所謂文明古國多而融爲諸夏之文化。華夏連稱一則表示其已成爲文化含義較重之名詞，一則表示上古三代文化之重疊與交融擴大。就古籍記載中知道，周時夏字之使用多指夏王或夏代，極少指爲民族稱呼的，因都自命爲夏，自不必附稱爲夏以別，再者夏有國之意，亦不必附族稱，而其他異族之名稱則甚多出現。〔註17〕

華夏既已衍爲三代所共稱，但亦有另一指稱，適於前者可互爲參考。《左傳》中一條重要的資料透露出這消息。定公四年祝佗論述周初之封建說：

> ……分唐叔以大路密須之鼓，闕鞏沽洗，懷姓九宗，職官五品，命以康誥，而封于夏墟以夏政，疆以戎索。〔註18〕

晉原爲夏人或其後所居，而唐虞之後或亦在此，原來三族血統即近，史記說虞、夏是顓頊之後，恐怕也並非毫無根據的。總之可統稱爲夏人所居之地。但春秋時是「晉居深山，戎狄之與鄰而遠於王室。」〔註19〕這裏的戎狄或是夏之後人乃至其爲原居民了。所謂懷姓九宗，亦即隗、媿、䫋等。《易經》中說高宗伐鬼方，《竹書記年》有王季伐西落鬼戎，金文中亦有記伐鬼方獻俘之

我有夏。」

〔註15〕參見傅斯年，《詩經講義稿》，《傅斯年全集》冊一（臺北：聯經出版事業公司，民國69年），頁267。

〔註16〕參見傅斯年〈夷夏東西說〉，《傅斯年全集》冊三，頁118。傅氏以夏、周爲西系，夷、商爲東系，東西交爭成三代之史。

〔註17〕參見王爾敏，〈『中國』名稱溯源及其近代詮釋〉，收在《中國近代思想史論》（臺北：自印，民國66年），頁441～480。

〔註18〕見註11。

〔註19〕見《左傳》，卷四十七，昭公十五年，頁10下。

事，鬼方時爲大國，而懷姓九宗殆爲其後人〔註 20〕；唐虞夏的後人或有淪爲商周之戎戎了。吳公子季札觀樂於魯「爲之歌秦，曰：此之爲夏聲，夫能夏則大，大之至也，其周之舊乎？」〔註 21〕秦爲伯益之後，爲東方嬴姓之所宗，由於商代拓土而西遷，故其後有在中國，或在夷狄，《史記・秦本紀》中說得很明白；則伯益之後也成了蠻夷。〈秦公簋〉的銘文中稱當地的戎狄爲夏〔註 22〕，秦國經過了十二公的長期奮鬥而平服之。因秦能逐戎，故周賜以岐西之地。秦長期與淪爲戎狄的夏人相處，自然秦樂爲夏聲了。而「其周之舊」，周夏皆爲西系民族，本即相通，周夏早期文化亦有重疊，夏雖失共主，夏文化仍存，當爲周之舊，秦承戎狄之夏或承西周之故，皆應可通。

「啓以夏政」杜預注曰：「亦因夏風俗，開用其政也。」〔註 23〕就禮俗而言，戎狄與夏人同出一源，所以唐叔在戎狄之地的晉要用夏禮了。孔子曾說：「夏禮吾能言之，杞不足徵也。」杞爲夏之後，但恐怕眞是不如戎狄的夏人存有他們的禮，「禮失而求諸野」誰曰不宜？〔註 24〕「疆以戎索」，在晉地要用戎狄之法，可謂明顯之至，這與「啓以夏政」是相配合的。疆理土地之法亦即賦貢之法，自不同於農耕地區。

大約夏是上古最早建立強盛而文化高的「國家」，而商周及其他諸族，如夷，皆有與之交爭或奉爲共主者。夷雖曾勝夏，但終爲夏所復興，夏已深植於其時人們心目中，故後來商周相繼爲共主，仍以承夏爲名。唯商在這方面證據遠少於周，再者夏周同屬西系民族，爲文化與政治因素，周自然應大加揚夏；諸夏或早已爲其時通稱，但華夏確係周人之標榜。

夏失共主後，因各種原因有居於原地者，亦有轉居他地者，故夏人之苗裔有淪爲戎狄。固然戎狄未必盡是夏人，但不被文化交融者，久遠終有距離，竟與諸夏之地有所分別了。

〔註 20〕關於鬼方之考證及與懷姓九宗、戎狄之關係等，參見王國維，〈鬼方昆夷玁狁考〉，《觀堂集林》，卷十三（臺北：河洛圖書出版社，民國 64 年）。另參見陳夢家，《綜述》，頁 275。

〔註 21〕見《左傳》，卷三十九，襄公二十九年，頁 12 上、下。

〔註 22〕參見羅振玉，《三代吉金文存》（臺北：文華書局），卷九，「保氏秦，虢事䜌夏」（頁 33 下）。

〔註 23〕參見註 11。

〔註 24〕晉本爲戎狄之夏人所居，禮俗應同。參看杜正勝，〈西周封建的特質—兼論夏政商政與戎索周索〉，《食貨月刊》，復刊第九卷，五、六期。以及洪安全，《春秋的晉國》（臺北：嘉新水泥，民國 61 年），頁 3。

殷商卜辭中已見戎、狄、夷等字，戎字指兵器，狄爲人名，夷則指方國〔註25〕。夷字從「人」，音亦近似，就字之初見與初用，以及早期之歷史發展來看，都沒有後來所謂「夷夏」之別的意思。夷應包括幾個族，是否爲一族的各宗，或不同各族則不能確知，但皆在東方淮濟下游之區。〔註26〕

先看《論衡》上說費昌問馮夷：「何者爲殷？何者爲夏？」馮夷答以「西、夏也，東、夷也。」〔註 27〕這說明當時人亦認爲夏是起於西方系族，東方則是夷人，殷商同於夷人起自東方族系，這兩者是相對的。

據傅斯年的研究，以今河南爲中心，東至海，北至濟水或及渤海灣並跨海至遼東朝鮮兩岸，南方有蘇北及安徽東北等，在商與西周以前或同時，分布於此東南的部族皆爲夷人，如《論語》中所說的九夷即是；包括了太皞、少皞、淮、濟、徐、舒等族及方國。其與分布在偏西的部族爲諸夏者成對峙之局，即所謂夷夏東西之交爭與融合。夷代表東方之主與西方之夏競爭，重要的有夷益與夏啓之爭統，中有夷羿與夏太康、少康之爭，最後是商湯放桀。商雖非夷人，但屬東方族系，統有諸夷爲東方之王，西進取夏而代之〔註28〕。這是指政治集團的代表而言。

從夷、夏的字源與上古的歷史來看，這兩個字並無高下之別，簡言之是代表東西兩系的部族或方國而言，全無後來文化軒輊的「夷夏觀」。夷在中國上古實佔有很重要的地位，但卻被排除在虞夏商周相沿的「正統」之外，而且往後還被用爲文化低落，非我族類的名稱。由於夷夏交爭劇烈，可謂世仇，夷雖短期致勝，但終不能代夏。商代夏興，但不以夷標榜而稱許夏，以及周之繼商夏等，固有其當時政治、文化環境，主要地還是正統史觀係由西系部族所造，當然黜夷張夏，若周是出自東方之夷，恐怕上古將是以夷代夏

〔註25〕參見李孝定，《甲骨文字集釋》（臺北：中研院史語所專刊，民國54年），「戎」字見頁3759，「狄」字見頁3109，「夷」字見頁3207。

〔註26〕參見註16，頁129。

〔註27〕此爲《論衡》佚文，爲《太平御覽》、《博物志》、《路史》等同引用之，參見田宗堯，《論衡校證》（臺灣大學，民國53年），頁245，及黃暉，《論衡校釋》（臺北：臺灣商務印書館），附編一。

〔註28〕參見註16，傅氏論文。張光直，〈殷商文明起源研究上的一個關鍵問題〉，《沈剛伯先生八秩榮慶論文集》（臺北：聯經出版事業公司，民國65年），頁151～169。〈從夏商周三代考古論三代關係與中國古代國家的形成〉，《屈萬里先生七秩榮慶論文集》（臺北：聯經出版事業公司），頁280～360。兩文中提出夏人或在中部、周在西、商在東之說，但亦與傅氏之說近。錢賓四師以爲夏人當在中部而偏西，見《國史大綱》，頁7。

了。〔註 29〕

按照《史記》的說法，黃帝時代已有東西南北四至的天下觀念，他取代炎帝後，又擒殺蚩尤，北逐葷粥。顓頊亦有四至，且與後來的帝嚳一樣「日月所照，風雨所至，莫不征服」。帝堯之時則命官治理四方，定時巡狩天下，同時還有北狄、南蠻、西戎、東夷等在「中國」的四周。帝舜時這類記載更多，所謂「蠻夷率服」、「流四凶族遷于四裔，以御魑魅」、「分北三苗」、「蠻夷滑夏」，又定十二州之域，至于荒服，撫及東西南北四方，說是「四海之內，咸載帝舜之功」。當夏禹之時又談到九州各地，有所謂鳥夷、嵎夷、萊夷、淮夷、島夷、三苗、西戎等等，並定五服之制。〔註 30〕

《史記》所載上古之史雖則近代常受懷疑，但以現代考古的發掘與研究來看，大部份有接近事實的證據，即使不能說史記所載之傳說全部爲眞，但也決非毫無根據的。如河南偃師二里頭考古的成績來看，傳說中的夏代就不是憑空造作者〔註 31〕。從〈夏本紀〉有重大價値而言，〈五帝本紀〉恐怕也應有其値得重視的價値，不過目前沒有更直接的證據，還待以後的研究；如同現代對殷商與夏的研究一般。

《史記》所載由五帝到夏這段期間裏，已有天下中心的觀念，在這外圍的四方分布了蠻夷戎狄，和整齊的五服之制，則「夷夏」觀念應已產生。我們雖然很難確實地證明這些記載是否就全如當時的實際情況，但就思想上來說，亦無法將之截斷與當時的關連；以爲這全係周時甚至司馬遷時代復古的想像的說法。至少殷墟卜辭中已能提供許多的資料。

卜辭中有東西南北、方、多方、四方、中、國、天、下、中商等字，即使是單字的出現，見其使用與意思，卻不能說其時沒有如「中國」、「天下」等連結爲名詞的觀念。卜辭中亦有戎、狄、夷等字，前已述及，亦有蠻、苗、犬等爲後來視爲「夷戎」之類的字〔註 32〕。難以確定的是這些字是否爲一般稱呼而全沒有特別的意義（即夷夏之分），或者有些有而有些沒有？如果有，是否承襲了商以前的觀念來分？還是有所指的地理究竟如何？這些在目前都

〔註 29〕同前註。

〔註 30〕以上參見《史記》，卷一，〈五帝本紀〉各篇，以及卷二，〈夏本紀〉。

〔註 31〕參見張光直，〈從夏商周三代考古論三代關係與中國古代國家的形成〉。以及嚴耕望，〈夏代都居與二里頭文化〉，《大陸雜誌》，六十一卷五期。

〔註 32〕參見《綜述》。陳氏以方國地理解述，對本文頗有助益。「犬」字見頁 294，「蠻字」見頁 299，「苗」字見 274。

難有定論。

個人以爲《史記》所說的是融和以前許多觀念而成，這觀念的完成是在東周，但在西周中葉已有淵源。商代以前並無「夷夏」高下之分，只是一般名詞，指的是氏族方國，但已開始要形成以商爲中心的天下了。

象徵商王對四方權威的「亞」形標記，不但在金文中可見，也發現在極多的殷墓中，殷商王室的墓地亦不例外，安陽西北岡的發現即足以說明之〔註 33〕。殷墓的南北向，以及由四方墓道同通於墓底之中心，這種構造的特色已能代表古代明堂宗廟之輪廓，中央的大室即卜辭中之南室、東室等〔註 34〕。明堂宗廟可看爲商人天下的縮影，象徵由四方匯聚於中央的組合，自然有其中央統治的權威意義，「中商」、「天邑商」的出現亦決不是偶然。

由東西南北四方及「中商」的中，這五方觀念的產生，除了前述天下觀念以外，還有以自我爲中心的強烈意識，「我」字在卜辭中就是泛稱的商王國〔註 35〕。在卜辭中又有將商與四土共同卜貞以問受年，以及因五方而成的「帝五臣」、「帝五工臣」、「帝五工」等，表示在天帝之左右或其下，商與四方都是平等的〔註 36〕。在帝之下要以中商爲中心，四方在其周圍，這是自我意識。故而卜辭中的四方風，就是爲了風調雨順而求年，此四方風名皆因四方之地名而來，這與〈堯典〉所載分命羲和以宅四方有相承之淵源；除了觀測天象外，又在於勸民農作。四方的地名可以卜辭、〈堯典〉、《山海經》等所載，互爲引證以見其關連；卜辭或承之〈堯典〉，而《山海經》所含上古史料價值極高。〔註 37〕

四方風的四方地名今已難定何在，但確知商人以自我爲中心的天下觀念。在商人卜年時，四方或四土因時代而有異，但四土與四方本有差異，四方指四個方向，四土指四個方面的土地，在卜辭中「方」的用法應有三種，

〔註 33〕參見高去尋，〈殷代大墓的墓室及其涵義之推測〉，《史語所集刊》三十九本下，頁 175～188。

〔註 34〕參見註 33，頁 186～187。陳夢家在《卜辭綜述》第十三章，〈廟號下編〉中說：「南室、大室都是宗廟裏的宗室，是祭祀之所」，頁 481。

〔註 35〕參見《綜述》，頁 318。

〔註 36〕參見胡厚宣，《甲骨學商史論叢初集》，上冊（以下簡稱甲骨商史，臺北：大通書局，民國 61 年），頁 384～385。胡氏同時以爲由五方、五語、五臣、五數、而推定五行觀念有起於商人之可能。

〔註 37〕參見嚴一萍，〈卜辭四方風新義〉，《大陸雜誌語文叢書》，第一輯第三冊，頁 255～261。

指方向、土地、和特定的方國〔註 38〕。四方或四土常與商相對待，可認爲商是處於四方或四土之中的一個範圍所在，而與之相對的四方或四土即實指一個範圍更廣大的土地區域，如南邦方、西土、南土等。四土的名稱在西周《尚書》中多見，而在〈康誥〉中已有「東國」之稱。在西周及其後的金文與詩中，已有了四方的「國」(或、域、國字同)。《詩・大雅》中一篇之內，土、國、邦、方成爲互用的同位名稱，如〈崧高〉中的南國、南土、南邦。〈常武〉中的南國、徐土、徐方等。可知西周及其後的所謂四國，係指四土之意。在西周的金文及詩、書中的國或方是內外相對的，如《詩》〈民勞〉、〈皇矣〉的中國、四方，《書》〈多方〉的四國、多方，《詩》〈蕩〉的中國、鬼方等，〈克鼎〉文中有周邦、四方、〈毛公鼎〉又有四或、不廷方等。可知四方與周國的相對，鬼方、不廷方、多方等顯然是中國、四國之外的許多方國。到西周末與春秋時金文，則四方又與蠻夷等相對；如〈兮甲盤〉的四方、南淮夷，〈晉公簋〉的四方、百蠻，〈虢季子白盤〉則以四方對厰狁。在卜辭中又有東西南北等「四戈」，疑是四或、四國，指邊境之地；由之四方之境即四域，到周時就用爲四國了。〔註 39〕

「中國」一詞雖首見於《書》、〈梓材〉:「皇天既付中國民，越厥疆土，于先王」〔註 40〕，文意似指商國本土爲中國。但在其他地方所指又不盡相同，有指京師、國中之意，範圍則大小有別，而指諸夏之地、中等之國、中央之國等約五項意義，其中指諸夏領域爲範圍者最多〔註 41〕。「中國」所指的意義與一定的範圍在殷商已形成，而「中商」即是其起源〔註 42〕。則周初〈梓材〉所謂「中國」即諸夏之地，也是商國所有之地，亦成爲後來所謂中原之地了。另外有一線索可供參考，即禹貢中有「中邦錫土姓」一句，或謂中國一詞即始於此；《史記》中則直改寫爲「中國賜土姓」〔註 43〕。雖然〈禹貢〉成書或

〔註 38〕參見《綜述》，頁 319。陳氏說卜辭中「方」之用法有五：(一) 純粹的方向，如東方、西方；(二) 地祇之四方或方；(三) 天帝之四方，如「帝于東」、「尞于西」；(四) 方國之方，如羌方、多方；(五) 四土之代替。綜言之 (一)(二)(三) 或可合之爲一，同指方向爲要。

〔註 39〕參見《綜述》，頁 319～321。

〔註 40〕《周書》，〈梓材〉。見註 14，頁 186。

〔註 41〕參見註 17 書中所論。

〔註 42〕參見《甲骨商史》，頁 386～387。

〔註 43〕見註 14，頁 82。柳詒徵即據之以爲「吾國之名爲中國，始見於禹貢，後世遂沿用之。」《中國文化史》，上冊 (臺北：正中書局，民國 68 年)，頁 48。《史

在東周晚際，但中、邦在卜辭皆可見，有「南土」、「南方邦」，所指皆同，與「南國」一致又有「一邦」、「二邦」等。〔註 44〕則〈禹貢〉之作者不是沿襲商人之觀念，即商人或有承〈禹貢〉中所言之部份的可能。但卜辭中卻無《史記》所言九州之詞。

上面提出了五方之觀念以及其相對的用法，和自我意識的天下觀，至少是殷商時期就形成了。但據以說殷商之前則無五方之觀念，恐怕值得商榷，只是在殷商時代有足夠的證據得以證明而已。方向與數字等觀念不必待有文字始能證明其有無。

在〈五帝本紀〉中，司馬遷將狄蠻戎夷等整齊地分配到四個方位上，這恐怕不是他記帝堯時期的狀況。果如此，何以在帝堯以後不再見如此整齊之劃分？而殷商卜辭中所見四方之使用亦不見帝堯時之蹤跡？且狄蠻戎夷等所指亦無以往之明確地分配。至於《史記》中說黃帝時即「北逐葷粥」，指明了北方的一族，這是否位在北方的「蠻夷」？將在後面一併討論。

《尚書・禹貢》中的「五服」之制，在《史記・夏本紀》裏全部列入，而在帝舜時禹已奠定這個基礎是「定九州，各以其職來貢，不失厥宜，方五千里至于荒服……」〔註45〕。「荒服」在《史記》裏又說：「（武王）伐紂而營雒邑，復居酆鄗，放逐戎夷涇洛之北，以時入貢，命曰荒服」〔註46〕。「各以其職來貢」、「以時入貢」皆爲服制的方式是不錯的，但前者所言似以道里遠近而定，後者涇洛之北正距宗周不遠，可知荒服亦不能以道里計之；好像一層層由近而遠，推廣至極，最遠的是所謂蠻夷的荒服了，這個看法尙有釐清之必要。

〈禹貢〉所定的服制不僅爲司馬遷所接受，也爲後來多數人共同認定。但司馬遷又別有所據，記下了另一個荒服的資料而提供了線索。對於服制稍作疏解，亦有助於本文所論。

周代封建制度中服制是重要的一環，而周人應該是繼承商人的觀念而來。商人有服制，且有內、外之服。在周公告誡康叔的訓詞中，追述商的服制，說到「越在外服，侯、甸、男、衛、邦伯。越在內服，百僚、庶尹、惟亞、惟服、宗工、越百姓里居」〔註 47〕。商人這種內、外兩種服制，在卜辭

記》見卷二，頁 17 上。

〔註44〕參見《綜述》，頁 289、325～326 等。

〔註45〕見《史記》，卷一，〈五帝本紀〉，頁 28 上。

〔註46〕見《史記》，卷一一〇，〈匈奴列傳〉，頁 2 下。

〔註47〕見《尚書正義》，〈酒誥〉，頁 177。

中可以得見其線索，在外服方面，有「多田」、「多白」、「方白」、「邦白」、「医田」、「多君」等等，雖不如周公所言如此整齊完備，至少侯、甸、邦伯是有的。內服方面殆爲百官之流亞。亦有以爲「多田」即「多田、亞、任」之省稱是周時所謂的「邦采衛」，屬於邦內甸服，而「多伯」爲邦外侯服，仍有內外服之分。〔註48〕

周公對召公追述殷商時說：「天惟純佑命則，商實百姓王人，罔不秉德明恤。小臣屏侯甸，矧咸奔走。」〔註49〕

康王既位「王若曰：庶邦侯甸男衛，惟予一人釗報告。」〔註50〕

周公初營新都於洛時「四方民大和會。侯甸男邦、采衛百工、播民、和見，士於周。」〔註51〕當洛新邑營建完後，「周公乃朝用書，命庶殷侯甸男邦伯。」〔註52〕

其他在彝器金文中也見到「侯服」、「服」等字的使用。〔註53〕

西周時服制已有擴大之證明，比較早而敘述整齊的〈周語〉：

> 穆王將征犬戎，祭公謀父諫曰……夫先王之制：邦內甸服，邦外侯服，侯、衛賓服，蠻、夷要服，戎、狄荒服。甸服者祭，侯服者祀，賓服者享，要服者貢，荒服者王。日祭、月祀、時享、歲貢、終王，先王之訓也。〔註54〕

〔註48〕胡厚宣在〈殷代封建制度考〉中論及畿服之成變，見《甲骨商史初集》，上册，頁100～103，他以爲殷代封建除婦子外，有侯、白、男、田，侯與白近，男與田通，故爲侯、田二種。甸即田，甸服在內是王畿，耕作之區，侯服在外是防衛之區。〈酒誥〉中的男衛是後加者。〈禹貢〉以及《周禮》所言之服制，由五服、六服、以至九服等，都是戰國末年之說，同時言及與五行之說有關。陳夢家在〈邦伯與侯伯〉中論外服之制，見《綜述》，頁325～332。以諸侯代表外服，分成三類，在邦境外的爲方白或邦白，在邦境邊的爲医田或多田，在邦境內的爲多白或多君等。論內服之制則以百官，頁503～522，可分成臣正、武官、史官三類，並且證以安陽出土中有「宰」字官名，以及殷商銅器銘文所見官名以互證之。丁山以「多田」爲內服，「多伯」爲外服，見《甲骨文所見氏族及其制度》（臺北：大通書局，民國60年）

〔註49〕見《尚書正義》，卷十六，〈君奭〉，頁21下、22上。陳夢家引「屏侯甸」爲侯甸作邦國的屏藩，見《綜述》，頁328。屏當爲并字解。但不論如何西周初已知商有侯、甸之服。

〔註50〕見《尚書正義》，卷十九，〈康王之誥〉，頁3下。

〔註51〕同前註，卷十四，〈康誥〉，頁2上。

〔註52〕同前註，卷十五，〈召誥〉，頁3下。

〔註53〕見《甲骨商史初集》，上册，頁102。

〔註54〕見《國語》，卷一，〈周語上〉，頁4。荀子〈正論〉中亦沿用之，參見梁啓雄，

〈周語〉所述的先王之制時間距周初近，較為可靠。文中說明了西周封建的服制，有五服之定，以及其應盡之義務。因為服是臣服之意，而臣服表現之方式為「服事」，《爾雅》解「服」為「事」〔註55〕，韋昭注之為「服其職業也」〔註56〕。孔子亦說「昔武王克商，通道于九夷、百蠻，使各以其方賄來貢，使無忘職業……分異姓以遠方之職貢，使無忘服也。」〔註57〕

〈禹貢〉中的五服之制是這樣的：

五百里甸服。百里賦納總，二百里納銍，三百里納秸服，四百里粟，五百里米。五百里侯服。百里采，二百里男邦，三百里諸侯。五百里綏服。三百里揆文教，二百里奮武衛。五百里要服。三百里夷，二百里蔡。五百里荒服。三百里蠻，二百里流。〔註58〕

如此整齊劃一每五百里的推衍恐怕不是實情。除了綏服與賓服和〈周語〉不同外，重要的是祭公謀父所述先王之制，並不以道里遠近之差而定，〈禹貢〉將之轉變，也採用了〈康誥〉的說法，大概是想描繪出其時制度之嚴整與威聲之遠播，很有理想的色彩，〈皐陶謨〉、〈益稷〉中所言也就本於〈禹貢〉了。〔註59〕

在服事上而言，殷商的內服是王朝的官僚群，各有職司。外服則有農作經營、貢賦參與防衛體系的任務〔註60〕。西周時也具有殷商之遺規，但臣服、職業、和各種貢賦等，在周的封建制中是一貫者，其義務之差則建立於征服者與被征服者間的平衡關係之上〔註61〕。故而有「甸服者祭、侯服者祀」、「日祭」、「月祀」等等之別。對於不同服等的，代表共主權威者還要注意如何來維持這種關係：

有不祭則修意，有不祀則修言，有不享則修文，有不貢則修名，有

《荀子柬釋》(臺北：河洛圖書出版社，民國 63 年)，頁 239～240。

〔註55〕見《爾雅》，卷一，頁 16 上。

〔註56〕同註 54，《國語》。

〔註57〕見《國語》，卷五，〈魯語下〉，頁 215。

〔註58〕見《尚書正義》，卷六，頁 30 上～32 下。

〔註59〕見前書，卷四，〈皐陶謨〉言：「天命有德，五服五章哉」，頁 22 上。卷五，〈益稷〉中禹說：「弼成五服，至于五千」，頁 11 上。

〔註60〕參見註 48，《綜述》。島邦男，溫天河、李壽林譯，《殷墟卜辭研究》(以下簡稱《研究》，臺北：鼎文書局，民國 64 年)，頁 421～422、455～469。胡厚宣以為商之封建義務有五：即邊防、征伐、進貢、納稅、服役，見《甲骨商史》，頁 105。

〔註61〕參見註 24。

> 不王則修德，序成而有不至則修刑。於是乎有刑不祭，伐不祀，征不享，讓不貢，告不王。於是乎有刑罰之辟，有攻伐之兵，有征討之備，有威讓之令，有文告之辭。布令陳辭而又不至，增修於德而無勤民於遠，是以近無不能，遠無不服。〔註62〕

〈禹貢〉中的五服之制，在周禮中又形成了六服、九服之說〔註63〕，但這都是東周末的產物。其轉變應與時代有所關連，要之周室東遷後，王室衰微，本身有王位之爭，內亂頻仍，諸侯勢盛，中央號令不行，有心之人如〈禹貢〉作者之流，將周初的服制更加整齊，造成周天子爲中心，諸侯則層層服事，由內推外，有「秩序」的理想世界。其次爲春秋時戎狄交逼諸夏，既有「尊王攘夷」之呼，亦有「內其國而外諸夏，內諸夏而外夷狄」之說〔註64〕，一個簡單的防衛體系仍是要以周天子爲中心，諸侯層層外推的原則來立定。商至周之服制如此，則夏與五帝時之服可能如《史記》所言乎？

中國上古史裏關於民族與其地理的問題，是眾說紛云，莫衷一是。「蠻夷」與「華夏」要明確地分別並劃出其地望極其困難，就卜辭中所見之「方」至少有五十多個〔註65〕，而且殷商的方，有指方國、民族、地名之別，字形的正讀也是問題，其間的關係眞是錯綜複雜。基於此，現以重點方式來作討論。

前面曾提到夷、狄、苗、蠻、戎等在殷商時已見使用，所指雖有不同，但就將之當作氏族或民族的單稱、總稱看待，即是如此，還不能看到有「夷夏」野蠻的、文明的分別。民族的分別是有，夷即夷人，夏即夏人，但是對

〔註62〕同註54。

〔註63〕《周禮》所言六服見於「大行人」，爲侯服、甸服、男服、采服、衛服、要服等，又言及「九州之外謂之藩國」。見《周禮註疏》，卷三十七，頁18～19上。九服之說見於〈職方氏〉，王畿千里之外有侯服、甸服、男服、采服、衛服、蠻服、夷服、鎮服、藩服等，明言是層層外推的，見卷三十三，頁15上、下。在〈大司馬〉中，各服又以「畿」爲名，是爲九畿，見卷二十九，頁5上、下。關於五服之演變，可參看註53書。另見顧頡剛，〈畿服〉，《史林雜識初編》（臺北，坊印本），頁1～19。以及徐炳昶，《中國古史的傳說時代》（臺北：地平線出版社，民國67年），頁38～39。

〔註64〕見《春秋公羊傳》，卷十八，成公十五年，頁7下。

〔註65〕參見註60島邦男書，頁381～382。他列出五期共七十九個方國，但據張秉權，〈卜辭中所見殷商政治統一的力量及其達到的範圍〉（《史語所集刊》，第五十本第一分，頁175～229），指出島邦男除前後重見者外，應只有五十五個，而且尚有遺漏者。陳夢家的研究中，列出了四十五個之多，見《綜述》，頁270～301。

等的，夷夏交爭，大體是東系民族與西系民族之爭，其間自然尚有許多的氏族或部族。若《史記》所載可靠，早在黃帝之時就有各部族交爭，而共主代立。以現在對上古史的研究來看，五帝所活動的範圍與時代並不過分，且有接合的線索，換言之，黃帝時東面到海，西至甘肅，南至湖南岳州，北達察哈爾懷來，這個相當大的範圍內「遷徙往來無常處，以師兵爲營衛……置左右大監，監于萬國。」〔註66〕這種行國式的共主，《史記》說得尤好，是「監于萬國」而「萬國和」。在記帝堯時亦本〈堯典〉所說「親九族」、「便章百姓」、「合和萬國」。〔註67〕即自己本身的許多（不必硬認爲九個）氏族，其他氏族（氏族長爲有姓者），天下的各個部族等共同的領袖，像是部族聯盟領袖似的；定期巡行亦是行國之跡，而各族則是自治獨立的地位。

如此看來要有多少名稱來稱呼當時的氏族或部族？以五帝而言，與之不同族的都可視爲「外族」，最具勢力的強大外族，可能是整個部族或者幾個部族的聯盟，像神農、炎帝、蚩尤、葷粥等，乃至於滑夏的蠻夷，被分別的三苗等等。以當時部族聯盟的形態而言，實難看出有什麼「夷夏」之別，應該都是不同的部族而已。

大約到堯、舜、禹等的經營與進展，漸漸形成了國家，完成了政府的結構，不再是僅置左、右大監了，〈堯典〉中記載的四方命官，以及舜時朝廷的各種分工機構就是說明了此點，不過這種國家還沒有中央集權的帝國性質。由部族聯盟的共主成爲王國的國家形式，至少在夏代時就確立了，與之同時期的，在西方可以周爲代表，在東方的可以商爲代表〔註68〕。東方夷與商也是并存的，夷盛則以夷爲號，商盛則以商爲代表。此外自然還有許多其他大小的部族存附於當時，分佈的地理及其勢力各有不同，或稱萬國、千國的可謂寫實。就卜辭中所知，至少商時（商爲中國王朝代表時）有五百餘地名〔註69〕，這些地方直可視之爲上古史中所稱的「國」。到武王盟津之會時的八百諸侯，可以是當時天下三分之二的「國」。

〔註66〕見《史記》，卷一，頁5上。

〔註67〕見前註，頁10下、11上。〈堯典〉所記見《尚書正義》，卷二，頁7下～8上。

〔註68〕參見張光直，〈從夏商周三代考古論三代關係與中國古代國家的形成〉。張氏以爲夏商周三代是三個平行進行的政治集團，亦即三個國家，可能都是同時存在，而勢力消長不同。

〔註69〕陳夢家說有五百個以上，見《綜述》，頁249。島邦男說有五百四十二個，見《研究》，頁348～357。

由於部族的繁多與可靠資料的缺乏，對於民族之討論實不宜上溯過遠，借現代考古研究之助，傳說史料可以考慮之處，還是由炎、黃開始〔註 70〕，在炎黃融和以後，被認爲強大的外族，而且被後世認爲是最早的「蠻狄」，就是蚩尤與葷粥了。當時的爭鬥被視爲民族禦侮戰爭，事實上只是民族集團間的競爭。對於蚩尤有謂係南方民族，有謂係東方集團之領袖〔註 71〕。但對葷粥爲北方外族多無意見，而以王國維之考證爲定論。王氏之說影響甚大，他的主旨是說我國古代西北有一強大外族，中間有分合，但不時入侵中國，因無文字或有而與中國不同，文化遠不如諸夏之高，故中國對之稱呼是「隨世異名，因地殊號」，在商周時稱爲鬼方、混夷、獯鬻，在宗周稱爲玁狁，春秋時稱爲戎、狄，戰國後稱爲胡、匈奴等。〔註 72〕

王氏考證有獨到之處，功力頗深，但亦有下列幾點可供參考。首先董作賓、胡厚宣、陳夢家等人所證之鬼方，在卜辭中可見〔註 73〕，王氏未及論證之而缺失這方面資料。王氏所論是受《史記》及舊註之影響，不免有先入爲主之見。《史記》說黃帝北逐葷粥，到後來就不見這部族，而有北狄、西戎之稱出現，但在〈匈奴傳〉中直說：「匈奴其先祖，夏后氏之苗裔也，曰淳維，唐虞以上有山戎、玁狁、葷粥，居于北蠻……」〔註 74〕裴駰、司馬貞、張守節等人的注解更提供了王氏立論的基礎。王氏所論不是本文所要討論者，但我以爲由鬼方到匈奴之間的關係，必不全如王氏所論都是同一個民族，因時、地之不同而名稱不同，尤其是混夷、戎、狄等在兩周之際，恐怕不是如王氏所處理得如此單純〔註 75〕，不過王氏之說對上古民族的研究仍是重要的參考。

〔註 70〕參見杜正勝，〈篳路藍縷——由村落到國家〉，《中國文化新論．根源篇——永恆的巨流》（臺北：聯經出版事業公司，民國 70 年），頁 1～73。

〔註 71〕如蒙文通以之列入南方的江漢民族，見《古史甄微》（臺北：臺灣商務印書館），頁 38～41。徐炳昶則以之屬東夷集團，見《中國古史的傳說時代》，頁 48～53。

〔註 72〕參見王國維，〈鬼方昆夷玁狁考〉，《觀堂集林》，卷十三，〈史林五〉（臺北：河洛圖書出版社，民國 64 年）。

〔註 73〕參見董作賓，《殷曆譜》，下篇，卷九（李莊：史語所，民國 34 年）。胡厚宣，《甲骨商史初集》上冊，頁 219～279。陳夢家，《綜述》，頁 274～275。

〔註 74〕見《史記》，卷一一〇，〈匈奴列傳〉，頁 1 上、下。

〔註 75〕除註 73 諸書所論可補充王氏之説外，另可參見郭鼎堂，《卜辭通纂考釋》，六，〈征伐〉（坊印本，民國 22 年），頁 113。林義光，〈鬼方黎國並見卜辭說〉，《國學叢編》，一期二冊（中國大學，民國 20 年）。葉玉森，《殷墟書契前編集譯》，卷一（上海：大東書局，民國 23 年），頁 95～96 等。丁山，《殷商氏族方國

就史記上所載被後來認爲是夷狄的重要資料的有幾端，一是北逐葷粥，葷粥係北方一民族或部族聯盟之類，但與後來的夷狄之類、甚至胡、匈奴等是否有絕對之關係，恐怕難以確證。二是北狄、南蠻、西戎、東夷等，這種整齊的排列畫分在當時恐怕不會如此，把所謂的夷狄之類全都屏業於四周外圍，與後來歷史的發展不合。此外，這些民族的名稱在當時是否就存在，還大有問題的，以卜辭的資料來看，目前沒有支持《史記》這樣說法的證據。就上古史的研究來看，夏以前的歷史、文化還難確證，而夏商周三者，文化之重疊，民族之交爭等，在商代當時還看不出有什麼民族被認爲是後來夷夏觀念中的夷狄。五方之觀念，以爲天下中心之觀念，在這裏亦只是政治勢力、統治權威之顯示，其內外所在各部族的關係，商人以服制表現出來。〈五帝本紀〉之荒服，〈禹本紀〉之五服制，皆是周制，且西周之服制亦沒有以道里遠近層層外展之法，至東周晚期始演變爲諸夏在內，夷狄在外圍的觀念。況且我們已知戎狄在周時還是與諸夏雜居的。張守節解釋《史記》「四海之內」，引《爾雅》云「九夷、八狄、七戎、六蠻，謂之四海。」正是以這種後來觀念作爲當時之實情的最好說明〔註 76〕。三是苗、黎和其他後來被認爲是蠻夷的部族，似應與葷粥一樣，只是指部族之名。苗、黎或與祝融八姓有關，或在東、或在南，他們在夏商據中原以前，曾爲大國，被逐走後因部族繁多而四散遷徙，但至少在周以前他們不被認爲是落後的蠻夷。〔註 77〕

個人有個假設：我以爲在夏人活動的本土即後來被稱爲夏域、華夏之地，該地早有較高的文明古國，如傳說中黃帝時代種種文明器物的制作與文化水準等，是以部族聯盟的形態來維持，聯盟的領袖即共主，亦即傳說中的五帝

志》，附於所著《甲骨文所見氏族及其制度》（臺北：大通書局，民國 60 年）。以及註 16 書。另外有研究贊成王氏之說，參見趙林，《商代的鬼方與匈奴》（臺北：政治大學《國際中國邊疆學術會議論文集》，民國 74 年），頁 263～281。

〔註 76〕見《史記》，卷一，〈五帝本紀〉，頁 28 下。

〔註 77〕參見傅斯年，〈新獲卜辭寫本後記跋〉，《傅斯年全集》冊三，頁 223～269。卜辭中有苗、黎爲方國、氏族者是否與之有關，陳夢家以黎方在山西東南之壺關一帶，與羌方相鄰，即商討爲蒐之黎，西伯所戡的黎，在殷末則爲商有，見《綜述》，頁 285～287，苗在濟源縣西十五里見頁 274。苗、黎常被後人視爲南蠻，蠻字在卜辭中所指，丁山以爲是武丁的近臣，在淯函之間，見《殷商氏族方國志》，頁 67～71。陳夢家指出蠻字可兼指南北之方國，亦爲民族稱呼的總類，而與狄字可互相包容，見《綜述》，頁 299～300。又漢武帝在元封元年的詔書中有「西蠻北夷」之稱，見《漢書》，卷六，〈武帝本紀〉，頁 19 下，可知當時蠻夷也是概稱。

之類等，他們相繼以這地區爲中心，過著城國與行國的農牧生活，許多的部族散處在其中或其外，因其生態環境採行其生活方式，其中雖有遷徙者，大體上亦多有其較固定的範圍，可以稱之爲「分地」或「國」者。各部族的血緣關係複雜而未必能詳加考定，各自的名稱往往勢力較強者爲人所知，但只是部族或其居地之分別，這些名號未必是單線發展前後相繼，也有同時存在者。

本著人類的智慧自有多方面的演變與發展，部族聯盟漸形成王國的建立。若由黃帝開始，到夏人爲共主時，這塊地區成爲政治、文化都有高度發展的「國家」，其時各地文化都有交融，各地亦有不等的國或仍爲部族者，在西的周，在東的夷、商等。但夏所控制的這塊傳統地區似成爲各地的中心，這地區的各小國或部族後來也被稱爲諸夏，諸夏的文化是經過長久交融與疊積而成的，不被此文化自然是異於諸夏。司馬遷特意分別五帝本紀與夏本紀，固然他或早鑒於夏代在國家完成，與集當時文化之大成的兩點著眼。

夷、商文化不可能獨立發展而不與諸夏相交，周亦是如此。「殷因於夏禮，所損益可知也，周因於殷禮，所損益可知也。」〔註 78〕這不是直線單傳，應該是商在政治上取代夏王國，文化上仍承受諸夏文化而有所損益，由大處來看「三代之禮一也，民共由之，或素或青，夏造殷因。」〔註 79〕果如此，則這個「三代共之」〔註 80〕的禮，就是中國早期的文化而奠定於夏。

商人似乎不如周人處處以夏爲標榜，應是集團不同與政治因素所致，商代夏以受天命爲標榜，在《詩經》中看到的是商遺民追念祖先之語，有「濬哲維商，長發其祥，洪水芒芒，禹敷下土」〔註 81〕。又說「天命多辟，設都于禹之績」等〔註 82〕。大約商人肯定禹之功績，又有承天命而代夏爲主之意，這種承傳託受於天命。卜辭足以說明商人是「尚鬼」的，所祀的對象可歸爲三類：即天神、地示、人鬼，這與周禮的祭祀相合，可明白周因於殷禮是有所根據〔註 83〕。由這些祭祀說商人受天命在「禹之績」是順理成章的。若照《尚書》中所說，中國人早有受之天命、順應天意的觀念，不過有人以爲這

〔註 78〕見《論語》，〈為政篇〉（以下所引四書皆此本，臺北：藝文印書館，四書集註本）。
〔註 79〕見《禮記正義》，卷二十三，〈禮器第十〉，頁 23 上。
〔註 80〕見《孟子》，〈滕文公上〉。
〔註 81〕見《商頌》，〈長發〉。《毛詩注疏》，卷二十之四，頁 2 上、下。
〔註 82〕見《商頌》，〈殷武〉。前書，頁 10 下。
〔註 83〕參見《綜述》，頁 262。

不是商人的觀念而是周人的〔註84〕。但商周文化重疊，思想觀念在同一時期，空間相容相近，其有小異應不背大同，且因於殷禮損益可知，說是周人思想也可以是商人觀念之推展。周人倡革命，周革商命，亦說殷革夏命，「有冊有典」〔註85〕當不能僞造，也不能勉強。三代相沿之天下中心與受天命的觀念，

〔註84〕如〈堯典〉:「欽若昊天」，見卷二，頁9上。〈舜典〉:「肆類于上帝」，見卷三，頁4下。〈皐陶謨〉中所說天敘有典、天秩有禮、天命有德、天討有罪，以及「天聰明、自我民聰明、天明畏、自我民明威」，見卷四，頁21下～23下，這裏也透露出人文思想的意義，故而接著說「達于上下，敬哉有土」，但基本上在位者要「徯志以昭受上帝，天其申命用休」，見卷五，頁3下、4上，要「勑天之命，惟時惟幾」，見卷五，頁17上，據蔡沈解說是正天之命，無時無事不戒勑。是多麼謹愼戰兢，順應天命。當啓與有扈氏作戰，告示中說:「天用勦絕其命，今予惟恭行天之罰」，見〈甘誓〉，卷七，頁2上，是應天之命。湯伐桀時說:「有夏多罪，天命殛之」,「予畏上帝，不敢不正」,「爾尚輔予一人，致天之罰」，見〈湯誓〉，頁2上、下。盤庚說:「先王有服，恪謹天命」故「今不承于古，罔知天之斷命」，而「天其永我命于茲新邑」，見卷八，〈盤庚〉，頁2下、3上，爲遷都所說的天意，他說是「迓續乃命于天」，見卷九，頁12上。武丁說:「惟天監下民，典厥義，降年有永有不永，非天夭民，民中絕命」，見卷十，〈高宗肜日〉，頁10上。這把天命說得極中肯，天與民的關係在此。至周時所談論到的天命、天意極多，不再作引述。在周代天的人格化爲眾所同意，商代時是否即有此觀念，則爲爭論已久之問題。據陳夢家之研究，認爲天之觀念是周人所提出，卜辭中的天，沒有「上天」之意，只是自然之主宰，前面所引《尚書》的資料，陳氏以爲都不是殷人所作。他又說殷人的帝與上帝相當近於秦的白帝子少皞，但上帝與殷的先公先王不同，見《綜述》，頁577～582。郭鼎堂以爲殷人的神是其民族的祖宗神，上帝即殷民族之祖先等，參見《先秦天道觀之進展》(上海:商務印書館，民國25年)。傅斯年亦提出祖宗神的論點，各部族皆有其祖宗神，商代還沒有超族部而普遍存在的上帝，但由宗神變成全民的上帝，在殷商時已有相當的發展，周人殷人，借用了商人的祖宗，認成自己的祖宗等，參見〈新獲卜辭寫本後記敍〉。徐復觀不同意此說，以爲殷人的上帝即是天，周人並不借用商人的祖宗神，而都共同有天的觀念，參見《中國人性論史》(臺北:臺灣商務印書館，民國68年)，頁15～35。我以爲諸氏之說各有見地，上古部族社會各有其祖宗神，戰勝者往往以自己部族的祖宗神爲其他部族所共奉，亦即共主的祖宗神成爲被統治者的共神，也有相反的情形，周之代商，若用了商的祖宗神，是周人商化的結果，商的祖宗神已長久爲共神，周人承認其曾爲共主地位，轉化其神爲己神。但據卜辭所知，商人的祖宗神爲帝，又有上帝，其福禍威力相同，大約其先王公是「賓于帝」，帝則高於其先王先公，這與周人「配天」觀念相合，因此先王先公們也有福禍威力了，他們漸漸也成爲帝的意思，或者轉化成帝了，這些帝或即是諸神。商人的帝或上帝原是其最高的祖宗神，但他們亦不可能沒有天的觀念，只是把上帝與天混合，周人革命，自然要將之分開。

〔註85〕《尚書正義》，卷十六，頁6上。見於〈多士篇〉，這是周公新都洛邑告商遺民的文告，充分說明了夏商周革命之意，以及對天命論的闡述。

則其餘諸方國當受此王命以及此中心之文化，否則將要被視之爲外了。

第二節　夷夏觀之形成

戎狄蠻夷成爲後來夷夏觀念中被輕視的民族，在西周末時已可找到線索。西周的太史史伯對鄭桓公說：

> 王室將卑，戎、狄必昌，不可偪也。當成周者，南有荊、蠻、申、呂、應、鄧、陳、蔡、隨、唐；北有衛、燕、狄、鮮虞、潞、洛、泉、徐、蒲；西有虞、虢、晉、隗、霍、楊、魏、芮；東有齊、魯、曹、宋、滕、薛、鄒、莒；是非王之支子母弟甥舅也，則皆蠻、荊、戎、狄之人也。非親則頑，不可入也。〔註 86〕

被視之爲「頑」之類的蠻、荊、戎、狄，荊也有作夷者〔註 87〕。是以當時已有明確的分別，同時也把這四者整齊配列到四方。這與春秋時墨子將狄配於北方，戎配於西方，夷配於東方一樣，都有歸類的概念〔註 88〕。但看先秦的記載大部份都不如此整齊地區別，遷徙與戰爭使這局面更形複雜，也導致今人論先秦大小列國的族系與地望的許多爭議。大體而言，北方不一定稱狄，有北戎〔註 89〕。南方不一定稱蠻，有南夷〔註 90〕。而西方亦有西夷之稱，東方則有東戎之名等〔註 91〕。崔述在周制度雜考中已證出「蓋蠻夷乃四方之總稱，而戎狄蠻夷種類部落之號非以四者分四方也」。〔註 92〕

〔註 86〕見《國語》，卷十六〈鄭語〉，頁 507。

〔註 87〕同前註，頁 508。〈考異〉卷四：「《太平御覽》州郡部五引《國語》，『蠻荊』作『蠻夷』，是也。蠻、夷、戎、狄皆統舉之詞，不應獨稱荊國，下注云『頑，謂蠻、夷、戎、狄』，即其證。」

〔註 88〕見《墨子》，〈節葬下〉：「昔者堯北教乎八狄……舜西教乎七戎……禹東教乎九夷……」，見孫詒讓，《墨子閒詁》，卷六（臺北：河洛圖書出版社，民國 69 年），頁 24～26。

〔註 89〕《左傳》，隱公九年：「北戎侵鄭」，見卷四，頁 14 下。桓公六年：「北戎伐齊」，見卷六，頁 21 上。

〔註 90〕《詩》，〈魯頌〉，閟宮：「淮夷蠻貊，及彼南夷，莫不率從」，見《毛詩注疏》，卷二十之二，頁 14 上。

〔註 91〕西夷如周文王時混夷，見〈大雅〉，緜，頁 22。串夷，見〈皇矣〉，頁 4。東戎之說如「庚戌卜，王貞，□弗其獲征戎，在東，一月」，見《殷墟書契前編》。

〔註 92〕見《豐鎬考信別錄》，卷之三（臺北：世界書局，民國 57 年，《考信錄》，下冊），頁 8。

就以春秋時期的大小列國，顧棟高舉出了二一三個〔註 93〕，陳槃先生舉出一七七個〔註 94〕，可知當時除了稱爲戎、狄等，以其族名爲國之號，也有稱國名但實爲戎、狄之族，加以先秦典籍中，又有國名、族稱並名，或者概名之爲蠻、夷、戎、狄等。這種複雜的記載，約略可以將之整理出下面幾個關係，其一是當時有泛稱，並不全部整齊地作四方固定的分配。其二是不能作四方整齊地分配，實因夷夏雜居之故。其三是不論血統、族系如何，夷夏雙方都自認彼此確有相當的區別（這一點後面還要敘述）。其四是夷夏交爭據烈，而夷人勢力危及中國，正是所謂「蠻夷滑夏」以及「夷狄也，而亟病中國，南夷與北狄交，中國不絕若線。」〔註 95〕其五是夷夏間有融合者，漸漸擴大了諸夏，有相離者，也漸漸確立了夷夏觀念。大致到東周初期即已逐漸完成。

前面說過早在夏代已形成相當水準的文化，自然有其所因革的來源，但其所及的範圍大致局限於晉南、豫西、及冀南、魯西一隅〔註 96〕。商代領域至少有魯、豫、冀三省，以及蘇、皖西省北部，以四至來說其威令所及，東至臨淄，西至河東，南至淮水、北至常山。也有擴大到東占山東全境，西到甘蕭、河套，北達熱河地區，南至荊楚與贛江流域〔註 97〕。這些範圍之內散佈許多的邦國或部族，其經濟生活多係因地制宜，大體差異應不太大，以其生態環境而決定，在生產工具和技術上沒有突破性的改進前，其農牧漁獵都同時存在，只有依賴的程度不同。生活在該地的人們，不論夷夏，都可以有農業，亦可以有漁牧的。他們承受前代的文明條件，施之於特定的環境之中，漸漸可以形成相異的生活與文化來，文化自然是多源地發展，在上古部族聯盟的行國時代，就是包容有多種的生活、文化的時代。而共主的核心地區因政治勢力所在，漸成爲重心，因夏代之建國，這個地區成爲諸夏之地，商代夏而承襲之，周代商亦承襲之。

在經濟上與文化上夏商核心地區與其他地區到底是否有高下之分？目前

〔註 93〕見《春秋大事表》，五，〈列國爵姓及存滅〉（臺北：漢京文化事業公司，續皇清經解本）。

〔註 94〕見《中國歷史地理》（一），〈春秋篇〉（臺北：華岡學報，民國 57 年），頁 2～26。

〔註 95〕見《公羊傳》，卷十，〈僖公四年〉，頁 14 上。

〔註 96〕參見註 28，張光直文，以及蕭璠，《先秦史》（臺北：長橋出版社，民國 68 年），頁 44～50。

〔註 97〕參見《綜述》，頁 311。《研究》，頁 378。嚴一萍，《甲骨學》（臺北：臺灣藝文印書館，民國 67 年），頁 141～142。

沒有確證，但在政治上與軍事上是有區別的，前面已有論述。除了各國交爭說明這個事實外，看殷商的屢次遷徙恐怕也反應了這種重要性。殷商遷徙有行國之餘意，更爲了其立國形勢在軍政上的要求，大抵西北方、西方各國威脅日增，盤庚考慮其主動攻勢的國策，才「震動萬民以遷」〔註 98〕，在這兩個方向裏大多是對商有敵意的，果然後來武丁對鬼方發動了大規模的戰爭，我們也可以認爲這是商人西進的國策的發展。不只是鬼方，還有其他許多國或部族，周亦是其一，重要的恐怕是夏人的老家以及夏亡後殘餘勢力的聚集在此，所以盤庚要說：「今不承于古，罔知天之斷命，矧曰其克從先王之烈。……紹復先王之大業，底綏四方。」「肆上帝將復我高祖之德，亂越我家」〔註 99〕。周的遷徙往西，應該不單是受迫於戎狄，殷人銳意西進實是背後的原動力。武丁以後不斷西進，勢力已漸逾太行山，到乙辛時又發展往南方淮水一帶。但自武丁以後殷人的敵國，幾乎全在西方，殷末王季伐晉南諸國，西伯戡黎而祖乙恐，特意警告紂王，都說明了這個方向裏殷周勢力的衝突與交替，也提供了盤庚遷殷的考慮不是無中生有的。

軍事上的考慮是建立在鞏固政治權威的基礎上，前面所說到商人的政治權威及其他的觀念制度等，雖然有了高下之分，但還不是夷夏觀念所致，相反地，應該是政治權威、軍事優勢，與經濟上的差異，漸漸以爲文化上也有了高下。周人代商也是如此，出於戎狄之間的小邦，竟稱商人爲戎商、戎殷，又稱商民爲頑民，是政治因素較大。商與夏、周在政治上劇烈的競爭，不論在族系與文化上有多大關係，都使得周人對夏極力的認同，於是周也代表了諸夏之王。周人的封建建構了他們的國家性質與天下觀念，服膺於這種政治權威之下的，就是前面史伯說的親與頑兩類。這些屬於頑之類者，在文化上果與諸夏有異，族系血統上則並不一定異於諸夏。如果說夷夏觀念起源於此，那麼就是以文化之差異爲主，而其背景是「天命」的周室衰微與「中國」的意識危機。

夷夏間的差別與彼此的看法如何？今略爲分類述之於下：

一、生活習俗

《左傳》記載戎子駒支對范宣子的話；說姜戎氏是堯時四裔之後，但也

〔註 98〕見《尚書正義》，卷九，頁 17 上，〈盤庚〉下。〈盤庚〉三篇是爲安民的告示。商人遷殷的軍事意義，見註 16 傅斯年文，頁 155。

〔註 99〕見《尚書正義》，〈盤庚〉上，卷九，頁 3 上，〈盤庚〉下，頁 17 上。

說：「我諸戎飲食衣服，不與華同，贄幣不通，言語不達」。〔註 100〕

《史記・商君列傳》記載商鞅所說：「始秦戎翟之教，父子無別，同室而居，今我更制其教，而為其男女之別。」〔註 101〕

孔子說的「微管仲，吾其披髮左衽矣」更是眾所熟知者。

《左傳》記載平王東遷之初，經過伊川時見到有「被髮而祭於野者。」這就是戎狄之俗，顯然與其所認同者決不相似。〔註 102〕

這些是在飲食、衣服、髮式、倫理秩序上等生活文化的差異。

二、文物制度

《史記・秦本紀》中記載一段繆公和由余的對話：

> （繆公說）中國以詩書禮樂法度為政，然尚時亂，今戎夷無此，何以為治？不亦難乎！由余笑曰：此乃中國所以亂也，夫自上聖黃帝作為禮樂法度，身以先之，僅以小治，及其後世，日以驕淫阻法度之威，以責督於下，下罷極則以仁義怨望於上，上下交爭怨而相篡弒，至於滅宗，皆以此類也。未我夷不然，上含淳德以遇其下，下懷忠信以事其上，一國之政猶一身之治⋯⋯。〔註 103〕

〈楚世家〉中說其先世熊渠自認為是蠻夷，因而「不與中國之號謚」，不惟熊渠自認蠻夷，楚武王亦公開承認係蠻夷之族。〔註 104〕

趙武靈王胡服騎射，為此，在公子成勸告的一段話中，可以看出稱中國的華夏是什麼樣子：

> 中國者，聰明叡知之所居也，萬物財用之所聚也，聖賢之所教也，仁義之所施也，詩書禮樂之所用也，異敏技藝之所試也，遠方之所觀赴也，蠻夷之所義行也。〔註 105〕

接著武靈王的辯白中也順便提到了「被髮文身，錯臂左衽，甌越之民也。黑齒雕題，鯷冠秫縫，大吳之國也。」這是指異於中國的吳越之俗。

三、心　性

周襄王十七年，狄人助王師伐鄭國。周王欲娶狄女為后以作回報，大夫

〔註 100〕見卷三十二，襄公十四年，頁 8 下、10 下。
〔註 101〕見《史記》，卷六十八，頁 7 上。
〔註 102〕見卷十五，僖公二十二年，頁 1 下。
〔註 103〕見卷五，頁 16 上。
〔註 104〕見卷四十，頁 3 下、5 上。
〔註 105〕見《戰國策》，卷十九，〈趙二〉（臺北：九思出版社，民國 67 年），頁 656。

富辰進諫周王，在諫言中說到的狄是「豺狼之德」，強調「狄，封豕豺狼也，不可猒也。」〔註 106〕《左傳》中記這件事說：「報者倦矣，施者未厭，狄固貪惏，王又啓之」。〔註 107〕

在東周時把戎狄之人看作貪婪不知足的禽獸，似乎是相當地普遍，如《國語》的另外一條記載說：「夫戎狄，冒沒輕儳，貪而不讓，其血氣不治，若禽獸焉。」〔註 108〕《左傳》中也有幾條記載如下：

閔公元年，管仲說：「戎狄豺狼，不可厭也。」〔註 109〕

成公四年，季文子反對聯楚叛晉，說：「史佚之志有之，曰：非我族類，其心必異，楚雖大，非吾族也，其肯字我乎？」〔註 110〕

襄公四年，魏絳與晉悼公討論諸戎和盟問題，悼公說：「戎狄無親而貪，不如伐之。」魏絳反對，剖析利害，說：「戎，禽獸也，獲戎失華無乃不可乎？」〔註 111〕接著他首倡和戎政策，開秦漢以後主和外族之先聲，他說明和戎有五利：「戎狄薦居，貴貨易土，土可賈焉，一也。邊鄙不聳，民狎其野，穡人成功，二也。戎狄事晉，四鄰振動，諸侯威懷，三也。以德綏戎，師徒不勤，甲兵不頓，四也。鑒于后羿而用德度，遠至爾安，五也。」〔註 112〕

在《國語》晉語中記載悼公五年之事也與《左傳》相同。可知晉國君臣對戎狄的看法都一樣，只是採取的政策有異。

隱公九年，北戎侵鄭，鄭人的討論與分析是：

> 伯禦患戎師，曰：彼徒我車，懼其侵軼我也。公子突曰：使勇而無剛者，嘗寇而速去之，君爲三覆以待之。戎輕而不整，貪而無親，勝不相讓，敗不相救，先者見獲必務進，而遇覆必速奔，後者不救，則無繼矣，乃可以逞。〔註 113〕

其結果是鄭人大敗戎師，分析的似乎相當正確。另外我們也知道當時的戎人還是徒步作戰，並非是騎馬的游牧民族。

東周時被認爲不屬中國華夏者，不止是戎狄之族，楚、秦、吳、越等也

〔註 106〕見《國語》，卷二，〈周語中〉，頁 50。
〔註 107〕見卷十五，頁 22 上。
〔註 108〕見註 106，頁 62。
〔註 109〕見卷十一，頁 1 下。
〔註 110〕見卷二十六，頁 7 上。
〔註 111〕見卷二十九，頁 22 上。
〔註 112〕同前註，頁 25 下、26 上。
〔註 113〕見卷四，頁 14 下、15 上。

被視之爲蠻夷，他們也都知道華夏對之的看法，故而范蠡要說：「余雖靦然而人面哉，吾猶禽獸也」〔註 114〕熊渠、莊武王不諱爲蠻夷，華夏視楚爲「蠢爾荊蠻」〔註 115〕，當王孫圉出使晉國，趙簡子是「鳴玉以相」，並詢及楚國的白珩寶玉，王孫圉的回答是：「若夫譁囂之美，楚雖蠻夷，不能寶也。」也說明了楚不諱爲「夷」，但他回答的一番話足使爲「夏」者不敢輕視，他說：

> 楚之所寶者，曰觀射父，能作訓辭，以行事於諸侯，使無以寡君爲口實。又有左史倚相，能道訓典，以敘百物，以朝夕獻善敗於寡君，使寡君無忘先王之業；又能上下說於鬼神，順道其欲惡，使神無有怨痛於楚國。又有藪曰雲連徒洲，全木竹箭之所生也。龜、珠、角、齒、皮、革、羽、毛，所以備賦，以戒不虞者也。所以共幣帛，以賓享於諸侯者也。若諸侯之好幣具，而導之以訓辭，有不虞之備，而皇神相之，寡君其可以免罪於諸侯，而國民保焉。此楚國之寶也。若夫白珩，先王之玩也，何寶之焉！〔註 116〕

「華夏」對「蠻夷」的看法如此，「夷夏」間的差距亦在此。中葉以後「夷」勢日增，史伯對鄭桓公的說法不只在「親」、「頑」之分，也是當時實際的寫照。春秋時代的尊王攘夷，也正是倡行夷夏之防，這也是周知的事實。大體上可以論語所說爲理想，即「天下有道，則禮樂征伐自天子出；天下無道，則禮樂征伐自諸侯出」〔註 117〕。故而春秋之法在於先正京師，乃正諸夏；諸夏正，乃正夷狄，至於春秋之義是尊天子以黜諸侯，而貴中國所以賤夷狄〔註 118〕。《春秋公羊》與《穀梁》兩傳最能發揮此意。

雖然「裔不謀夏，夷不亂華」〔註 119〕是原則，事實並非如此，不止雙方競爭激烈，關係亦很複雜。如果不守夷夏之防，在當時人覺得最大的影響就會：（一）失去諸侯；（二）失去民心。

魯昭公十年，季平子伐莒，莒人向晉訴願，故而平丘之會，晉昭公不欲與魯會盟，子服惠伯勸說：「晉信蠻夷而棄兄弟，其執政貳也。貳心必失諸侯，

〔註 114〕見《國語》，卷二十一，〈越語下〉，頁 657。
〔註 115〕見《毛詩正義》，卷十之二，〈小雅〉，采芑，頁 12 下。
〔註 116〕見《國語》，卷十八〈楚語下〉，頁 579～581。左史倚相據《左傳》中所記，楚王稱他爲良史，能讀三墳、五典、八索、九丘之書，見卷四十五，昭公十二，頁 36 下、37 上。
〔註 117〕見〈季氏〉篇，《論語》八，頁 11。
〔註 118〕見孫復，《春秋尊王發微》，卷十二（通志堂經解本），頁 8。
〔註 119〕見《左傳》，卷五十六，定公十年，孔子之語，頁 2 下。

豈唯魯然？」〔註 120〕這是失諸侯。

前面提到富辰進諫周王娶狄女之事，他反覆說明親親的內利與離親的外利，他提出尊貴、明賢、庸勳、長老、愛親、禮新、親舊等七德，以爲注重這七德則自得民心，就是利之內，但「若七德離判，民乃攜貳，各以利退，上求不暨，是其外利也。」也就是失去民心了。他將這次周王以狄伐鄭，又欲「夷夏」聯婚的事件，如何來用七德分析呢？他說：

> 夫狄無列於王室，鄭伯南也，王而卑之，是不尊貴也。狄，豺狼之德也，鄭未失周典，王而蔑之，是不明賢也。平、桓、莊、惠皆受鄭勞，王而棄之，是不庸勳也。鄭伯捷之齒長矣，王而弱之，是不長老也。狄，隗姓也，鄭出自宣王，王而虐之，是不愛親也。夫禮，新不閒舊，王以狄女閒姜、任，非禮且棄舊也。〔註 121〕

照如此看來，當時人對夷夏間的關係應該如何維持？有什麼樣的理想或者原則？現在舉幾個資料以作參考：

《左傳》中記沈尹戌子說：「古者天子守在四夷；天子卑，守在諸侯，諸侯守在四鄰；諸侯卑，守在四境。」〔註 122〕這是說周初就定下的原則，但據這些層次的「守」，是否能說明以天子爲中心，其外爲諸侯，再外爲四夷的層層套格式？這樣看來就與〈禹貢〉所述的服制相似，造成大圈套小圈的規格。如果沈尹戌子所言不錯，應該將「守」字看作其職責之守，也包括了防衛體系在內，不會是整齊圈套的形勢，即如《公羊傳》所言「內其國而外諸夏，內諸夏而外夷狄」，但「王者欲一乎天下，曷爲以外內之辭言之」？這是說「自近者始也」〔註 123〕，如果解作遠近之意，那又成爲由內外推的層層圈套了，故而應該是「親親」之意，這與周初封建的本意也相合，我們若看了《左傳》中說富辰諫周王之事當可明白「封建親戚，以藩屏周室」，是「親親以相及也」之意。〔註 124〕

〔註 120〕見《國語》，卷五，〈魯語下〉，頁 198。

〔註 121〕同註 106。

〔註 122〕見卷五十，昭公二十三年，頁 26 上。

〔註 123〕見成公十五年，卷十八，頁 7 下～8 上。何休注引孔子「近悅遠來」之意，近固可作遠近之解，但解做親親之義恐怕更妥貼些。

〔註 124〕參見僖公二十四年，周王以狄伐鄭，大夫富辰進諫，這是周初封建與宗法方面一段很好的資料，其一再引證親親之意甚明，見卷十五，頁 18 上～21 下。在《國語》，卷二〈周語中〉，也記了此事，但不及左傳所言之詳，見頁 45。內外之意到東周晚期已漸成圈套格式，前文已言及之。另可參見傅斯年，〈致

除了封建關係所維持的理想之外，基本上還有一個大的原則，即「耀德不觀兵」，這是周穆王欲征犬戎，祭公謀父的諫言，接著他就追述了周初的封建服制〔註125〕，在前面已談到這段重要的資料，也引述了根據「耀德不觀兵」而應該做的種種事情，如此可以達到近遠聽服，這個根據歷史基礎提出的大原則，自然是不分夷夏皆可適用，至少祭公謀父是如此論證的。然而穆王不用，發兵攻戎，結果「自是荒服者不至」。

春秋時則有人提出「德以柔中國，刑以威四夷」的看法〔註126〕。這種雙重標準似乎認爲四夷需要用「觀兵」以威之，大概也以爲靠「遠人不服，則修文德以來之」〔註127〕是派不上用場的。

春秋諸侯爭霸而尊王攘夷，「夷」不是接受諸夏就是漸漸被「攘」迫於諸夏之外。大致要到戰國以後，「夷夏」與「內外」的分層漸漸明朗化，於是「四夷」似乎就眞正成爲在諸夏外圍的四方了。我們看「王制」所載這麼一個整齊的秩序，可以代表此下兩千多年的傳統看法：

> 凡居民材，必因天地寒煖燥濕，廣容大川異制，民生其間者異俗，剛柔輕重遲速異齊，五味異和，器械異制，衣服異宜。脩其教不易其俗，齊其政不易其宜。中國戎夷五方之民，皆有性也，不可推移。東方曰夷，被髮文身，而不火食者矣。南方曰蠻，雕題交趾；有不火食者矣。西方曰戎，被髮衣皮，有不粒食者矣。北方曰狄，衣羽毛穴居，有不粒食者矣。中國蠻夷戎狄，皆有安居和味宜服利用備器。五方之民，言語不通，嗜欲不同……。〔註128〕

大約東周末時之人謹記西周亡於戎，但東方夷族極多，而春秋時戒於北方狄族侵擾之餘悸，南方楚國大盛又自不諱稱爲蠻，諸如此，夷夏戎狄遂與四方位結合而漸成通用之定格了。而我們看漢代《風俗通義》中所述就擴及了中國之外的四方民族，也都在這種概念之下指出其別。〔註129〕

吳景超書〉，（三）（《全集》第七冊），頁122～123。

〔註125〕見《國語》，卷一，〈周語上〉，頁1。

〔註126〕見《左傳正義》，僖公二十五年，卷十六，頁3下。此爲晉侯啓南陽，陽樊不服，晉乃發兵圍之，陽樊人倉葛大聲疾呼，這是不服違背了原則而抗議之語。

〔註127〕孔子之語，見〈季氏篇〉，頁11。

〔註128〕見《禮記》，〈王制〉，卷十二，頁26～27。

〔註129〕參見童疑，〈夷蠻戎狄與東南西北〉，《禹貢半月刊》，七卷十期，頁11～17。《風俗通義》佚文，〈四夷〉（臺北：明文書局，民國71年），頁487～492。

春秋戰國嚴夷夏之防有文化意識亦有政治作用，但事實上並不能確切做到，就前面所引資料中即能證明此點。強調文化意識者，幾乎都是當時與後來的士大夫讀書人之流，他們自覺到「中國」或「華夏」因革下來的文化價值，是不能受到政治環境的影響，甚至造成危機，所以孟子曾說出：「吾聞用夏變夷者，未聞變於夷者也」〔註 130〕，這固然是不合當時的歷史事實，但也看出他文化意識的強烈。

先秦「夷夏」間的交融大體在下列幾種方式中進行，其一爲經濟互惠，其二爲婚姻往來，其三爲文化交流，其四爲制度改良等〔註 131〕。其背景除了基於人類自然的需要如物質條件外，往往因戰爭征服、政治作用、以及自覺上而發展成的。

文化的夷夏觀固是主流思想，所謂夷夏之別在於禮儀制度，而不在於族群〔註 132〕，也就是說「貴中國者，非貴中國也，貴禮儀也，雖更衰亂，先王之典刑猶存，流風遺俗，未盡泯然也」〔註 133〕。然則確實與族群無關乎？夷夏固有文化之別，恐怕也有些族群不同的。〔註 134〕

內史過對周襄王說明古代先王的天下之制，在於先王不斷地制定各種章程儀服、教民事君、班爵貴賤等，但仍有散慢違制者，故而受到刑辟而流於裔土，於是就有了蠻夷之國與刀墨之民〔註 135〕。這大致就是《史記》上所說「流四凶族遷於四裔，以御魑魅」〔註 136〕，據《史記》所載堯、舜時期這種事情而言，當是其時重大的問題。以流放、強迫移民的方式來解決凶頑、有罪者這個角度來看，或可解釋這些記載；而其中又不乏對立的政治集團，以

〔註 130〕見〈滕文公〉章，《孟子》五，頁 13。

〔註 131〕參見蔡學海，〈萬民歸宗——民族的構成與融合〉，《中國文化新論·根源篇——永恆的巨流》，頁 125～176。文中舉出前三項，見頁 145～146。增加制度改革一項，可以趙武靈王胡服騎射爲代表。

〔註 132〕參見夏曾祐，《中國古代史》（臺北：臺灣商務印書館，民國 57 年），頁 35 之案語。

〔註 133〕見《陸象山全集》，卷二十三，「楚人滅舒蓼」條（四部備要，臺北：臺灣中華書局），頁 2。

〔註 134〕參見註 94，頁 29。另見李濟，〈史前文化的鳥瞰〉，收在《中國上古史論文選集》，上冊（臺北：華世出版社，民國 68 年），頁 171～208。

〔註 135〕參見《國語》，卷一，〈周語上〉，頁 37。

〔註 136〕見《史記》卷一，頁 25 上。此本於《左傳》文公十八年所載，見卷二十，頁 19 下。但《史記》又本〈舜典〉載了共工、驩兜、三苗、鯀等四罪，見《尚書正義》，卷三，頁 14 上、下。

及不同於己的部族。

《左傳》中說姜戎氏是出於四嶽之裔胄〔註137〕，可能即《尚書》及《史記》中所言羲和四官，或者四個部族長〔註138〕。他們也許是諸夏所分徒出去的，也許本來就不同於諸夏，漸漸即與諸夏有別了。

上古的民族與文化本不可能是單元發展，分成兩個或三個集團部族是太簡單了些，有時為了方便起見，以大的地區為單位，例如以夷、商在東、夏人在中、周人在西，也只在說明他們活動大致的方位，以及其政治勢力，皆為當地區部族聯盟的代表。

再根據考古學的研究，以四個區域的文化類型來看，最早的是中原與關中區的裴李岡和磁山文化，至少約為西元前五、六千年之間，中原的仰韶文化是五千至三千年，龍山文化則為三千至二千年，然後為三代文化。黃淮下游區方面，前有西元前四千五百至二千三百年的大汶口文化，後有典型龍山文化，至二千年左右。在黃河上游的甘青方面，有武山一帶的石嶺下型，將近西元前四千年左右，臨洮的馬家窰型為前三千年左右，樂都的馬廠型則在前二千三百至二千年左右，基本上都可屬仰韶文化。在長江中下游方面，有餘姚河姆渡文化，約在西元前五千至四千年，蘇南浙北的馬家濱文化，約在前四千餘年至三千餘年左右，漢水與長江中游一帶有大溪文化，比仰韶型的早期略晚，而屈家嶺文化的在前三千至二千五百年之間。另外在金門的貝丘遺址，約為西元前五千五百至四千年前，而內蒙古托克托一帶有仰韶半坡型文化的發現，約在西元前三千五百年左右。在新石器時我國的遺址分布超過七千處以上，發掘的也有百處以上，以上所列已可知其約略時間的早遠，以

〔註137〕見襄公十四年，戎子駒支之語，卷三十二，頁9下。

〔註138〕羲和四官見於〈堯典〉，卷二，頁9上～10下，《史記》所載與之相同，卷一，頁10下～12上，〈堯典〉中的四岳，《史記》也同樣寫下來，據〈集解〉與〈正義〉所引鄭玄、孔安國之註，指四岳即羲和四官，這很有可能。徐炳昶在《中國古史的傳說時代》中，以共工氏之從孫為大岳，亦即〈堯典〉中之四岳，二者同為一人，見頁50，但〈堯典〉四岳即不是羲和四官，也應是四個部族長或四個人，不會是一個，參看其文可知。先有東、西、南、北四岳巡守，是否即四岳所在，帝舜要「詢于四岳、闢四門、明四目、達四聰」行文一致。問事於四岳，回答是「僉曰」，屢問四岳，屢答「僉曰」，可知非一而為四無疑。孫作雲以為四岳為東方的夷族，以鳥為圖騰，此四個官名即《左傳》昭公十七年，郯子所說的玄鳥、伯趙（伯勞）、青鳥、丹鳥等，也是九夷中的四支，見〈后羿傳說叢考——夏時蛇鳥豬鼈四部族之鬥爭〉，載於《中國上古史論文選集》上冊（臺北：華世出版社，民國68年），頁449～518。

及分佈之廣泛，而文化類型也極多，其中有獨自發展的特色，也有直的與橫的承傳與交流。〔註 139〕

就史籍上記載傳說的黃帝時代及其種種制作發明來看，與龍山文化頗能契合，時間上也能接近，而記載其活動之範圍也不算誇張。上古那麼活躍的先民，當不可能全是炎黃子孫，或者都是諸夏民族，應該有其他民族在這麼廣大的土地上，各有其生活、文化，有同與諸夏者，亦有異與諸夏者。

總之，夷夏之別有文化之別，亦有民族之分，大概可以有幾種情形來看，一是夷本來即爲外族，不同於夏。二是夷由夏所分徙流走，漸漸自成了其文化，而與諸夏的差異或小或大，也有的是與當地的民族結合成另一種「新」的文化、習俗。三是外族但其統治階層爲夏族者，其文化可能成爲第一或第二種情形，也可能維持諸夏文化之舊的多或少。

夷夏是有別，但有高下之分與輕夷的夷夏觀念，大致始於商周的逐漸發展，而完成於東周之初。至於夷夏之間的衝突與融合，自然構成先秦歷史發展之主幹，其大勢是文化較差者逐次消失或攘之遠方，亦即消解以城郭耕稼爲主與山林游牧爲主兩者間之衝突；其次爲文化後進者逐次征服先進之國，而又逐漸爲先進之國所同化，亦即消解周封建國與郡縣一統之國兩者的衝突。〔註 140〕

〔註 139〕參見前章所述，另見註 70 文，並見其附圖、表等，以及註 96 蕭璠書，頁 16～44。

〔註 140〕參見錢賓四師，《中國通史參考材料》（臺北：東昇出版事業公司，民國 69 年），頁 47～50。

第三章　中國北疆政策之初期形成

第一節　前　言

《公羊傳》中說王者無外，王者一乎天下等，在這天下中自應包括了各種民族，以當時來看就是包括了夷夏兩大類民族〔註1〕，這也是《論語》所記子夏說的「四海之內皆兄弟也」的四海之內了。此雖爲眾人所熟知的話，但這個四海之內的天下範圍卻是個模糊的概念，有時可以擴大到「溥天之下，莫非王土，率土之濱，莫非王臣」這種王天下的觀念所指〔註2〕，有時就直指了其時之中國與四方等範圍。至於《禹貢》中所言之九州、五服，《周禮》中所言之六服、九服等，都與之有關。這都可以代表華夏民族所建構的天下觀，以及自我爲中心的歷史觀。「夷」人是否有這類的看法則不得而知了。不過，從春秋戰國到漢初諸子中，對於天下或者世界的看法甚多，也都極盡其想像之能事。如《楚辭》中對於九州的疑問，以九州之產生與大小爲對象。《莊子》中以中國爲滄海一粟而被於四海。《荀子》中也論及四海。鄒衍有赤縣神州、大小九州之說，以及裨海、大瀛海等層層外推之說法。《淮南子》在九州之外也有名堂；謂八殥、八紘、八極等。《山海經》則以其四方描述天下等〔註3〕。大體上先秦時期已確立以華夏的中國爲中心；而所謂蠻夷爲四裔外圍的天下觀。

〔註 1〕參見《春秋公羊傳》，卷十八，〈成公十五年〉（以下所引經書皆此本，臺北：東昇出版事業公司，十三經注疏本），頁 7 下～8 上。

〔註 2〕見《詩經》，〈北山〉，卷十三之一，頁 19 下。

〔註 3〕參見邢義田，〈天下一家——中國人的天下觀〉，《中國文化新論‧根源篇》（臺北：聯經出版事業公司，民國 70 年），頁 453～454。

事實上被諸夏視之爲蠻夷者，在上古史中並不始終呈現這種固定的現象，即以諸夏在中心；蠻夷在四方外圍〔註4〕。相反地，在商、周的大部分時期都是夷夏雜居，隨著各方各民族有複雜的遷徙，甚而戎狄還有逼迫諸夏的趨勢，諸夏自然要攘夷、辨夷夏了〔註5〕。這種「蠻夷華夏」，以及「夷狄也，而亟病中國，南夷與北狄交，中國不絕若線」〔註6〕，是相當寫實的。

先秦的攘夷與夷夏的交融，進行的相當劇烈，也擴充了諸夏各方面的內容，但在文化觀念中，基本上還是要「以夏變夷」；配合政治中《禹貢》及《周禮》的理想；軍事上則以征服和排斥爲手段。至戰國時有邊城牆的建立，除互相爭戰以王天下外，也主要用來拒「胡」的，可知外族的勢力不因攘夷而稍減。

中國一統於秦後，北邊被攘的夷狄等，也漸被統合於幾個強權手中，而後成爲匈奴獨盛之局。秦與漢都面臨這個北鄰，也同樣具有矛盾的心理；雖然一再地宣揚自己的功德，一再地強調王土、王臣的觀念，但就是不能解除來自北亞草原的威脅，不得不承認中國與北亞是兩個對立的天下了。但在言論中往往又不太承認這個事實。

長城可以說是這兩個對立的天下的界線，這也是中國傳統中腦海裏浮現的夷夏疆界。在國史中的外族，若以北亞民族爲代表，也就是夷夏之別經過先秦長期的發展；漸漸形成游牧與農業兩大民族集團的分別。這兩大集團的分別統一及其對立就在秦漢時期。從秦以下兩千餘年，除北亞民族入據中原和統治中國的幾個朝代外，長城有個象徵的意義，即夷夏的分界應以此爲準，所謂「長城以北，引弓之國，受命單于；長城以內，冠帶之室，朕亦治之」〔註7〕。這是漢文帝所說的「先帝制」。周代親親的內外之義，到此已變成長城的內外之別了。

〔註4〕參見前章，〈論上古的夷夏觀〉。

〔註5〕關於各方民族之遷徙，參見蒙文通，〈古代民族移徙考〉，《禹貢》，第七卷六、七合期（民國26年6月），頁13～38。王玉哲，〈楚族故地及其遷移路線〉，《中國上古史論文選集》，上冊（臺北：華世出版社，民國68年），頁619～649。呂思勉，《先秦史》（臺北：臺灣開明書店，民國66年），頁244～264。錢賓四，《古史地理論叢》（臺北：東大書局，民國71年）。戎狄侵迫諸夏的歷史，可參見蒙文通，〈犬戎東侵考〉，《禹貢》，第六卷第七期（民國26年1月），頁1～16、〈赤狄白狄東侵考〉，《禹貢》，第七卷第一、二、三合期（民國26年5月），頁73～94。

〔註6〕見《公羊傳》，卷十，〈僖公四年〉，頁14上。

〔註7〕見《史記》，卷一一〇，〈匈奴傳〉，頁18下～19上。

秦始皇的琅邪石刻極盡歌功頌德之能事，他雖說什麼「皇帝之明，臨察四方」、「皇帝之德，存定四極」、「六合之內，皇帝之土」、「人迹所至，無不臣者」等等〔註 8〕，然則北亞的匈奴卻在他的功德之外。「亡秦者胡」雖是讖語，也確是有其時勢的背景。在戰國時匈奴已崛起，雖不是北亞之主，但勢力也相當大，所謂「冠帶戰國七，而三邊於匈奴」〔註 9〕。當秦滅六國之際，匈奴佔有河套一帶，已構成秦都咸陽之威脅；迫使秦皇乘一統之餘威，以蒙恬將十萬大軍擊走匈奴，而收復河南之地。接著沿河築城以防，修連秦、燕、趙之邊疆，通直道，又徙民衛邊。這些軍事防衛的措施，可以看出秦對現實問題之考慮，以及沿用戰國時禦胡的傳統政策，不過是以統一的中國力量來做，較之戰國時分裂諸國的各自爲政來得有效多了；但無形中正暴露出琅邪石刻中自頌功德的局限性——只在中國之內而已。

匈奴被擊走後北遷，當時北亞強權是東胡與月氏，而匈奴頭曼單于乘秦末擾亂，邊防空虛之時，又復南移。至冒頓代單于之位，先後擊敗東胡、月氏，併有近南方的樓煩、白羊等，又奪回秦所收去的河南故地；侵凌燕代。楚漢之際，益使匈奴坐大，冒頓有控弦之士三十餘萬，成爲北亞部族聯盟之領袖，其「盡服從北夷而南與中國爲敵」〔註 10〕，不正是北邊的「外國」與「中國」之對峙？

劉漢建國之初，匈奴已建立「北亞帝國」的第一個朝代，形勢已大不同於秦時，又不斷地征服草原中其他的民族；如在其北的渾庾、屈射、丁靈、鬲昆、薪黎等〔註 11〕。匈奴南下牧馬，侵寇中國，主要爲的是經濟物資的獲取，其於漢初不斷寇邊，也受到許多降「胡」漢人的誘導。漢高祖能統一天下，但舉重兵仍不能擊敗匈奴，他採取主動攻勢確是最佳之防禦，因爲匈奴兵鋒已至太原，北疆大爲震動。匈奴雄強，高祖又復輕進，結果造成平城之圍，此不惟震撼了漢帝國，且以後的朝廷中就不斷地在討論「制夷」之策了；北疆政策乃成爲兩漢廟堂中的大事。

本章之作，重點不在論述對北疆之戰爭經過，或者北疆國防上之部署等，而在於對北疆政策的各種討論以及其觀點。又在國史各朝代中，北疆所形成的威脅與邊患佔較多的比重，而且入據中國的邊族，也多來自北方，是故北

〔註 8〕見《史記》，卷六，〈秦始皇本紀〉，頁 17 上。
〔註 9〕見註 7，頁 6 下。
〔註 10〕見註 7，頁 9 上。
〔註 11〕見註 7，頁 11 上。

疆政策有著很長的歷史，而其初期的形成，希望能透過本章以作一系統之了解，庶幾可知後代所論之源本。

第二節　先秦之邊防政策

邊防政策在於防外國，本無夷夏之別。就夷夏觀念而言，先秦已發展完成，茲據前章略述之於下，以明其時夷夏間之差異何在。

1. 生活習俗：飲食衣服，不與華同，貨幣不通，言語不達，父子無別，同室而居，男女亦無分別。
2. 文物制度：無詩書禮樂法度之政，自無所謂中國之號謚等。
3. 心性：諸夏視夷狄爲犲狼之德，貪淋無厭；有如禽獸。其他如貪而無親，勝不相讓，敗不相救等，總之是「非我族類，其心必異」的。

這些主觀看法，完全是輕賤外族的說法，至於其長處，多不輕易出口。事實上諸夏是能了解夷狄之長處，否則何以有趙武靈王之胡服騎射？但其時所了解之程度，恐怕是有限的。

在春秋戰國時代，可以舉出一些例子來看其時的邊防政策，這些例子都是以當時視之爲夷狄者爲對象。

《國語》中記載周穆王將伐犬戎，祭公謀父有所諫言，他說明了先王所訓的服制，以及維持這種制度的原則，簡言之是「耀德不觀兵」。這原則並非只對夷狄而言，是對整個天下的，但穆王不用，發兵攻戎，結果「自是荒服者不至」〔註 12〕。但祭公謀父所言並非僅一昧只求諸己之所修，亦有征伐之備的，大體上是用在最不得已之時，無論如何他不是動則主戰的邊防政策提倡者。

《左傳》中記載襄公四年，魏絳與晉悼公討論諸戎和戰之問題，悼公認爲戎狄是無親而貪者，主張以戰爭解決，魏絳極力反對，他主張和戎政策，其見解如下：

> 戎狄薦居，貴貨易土，土可賈焉，一也。邊鄙不聳，民狎其野，穡人成功，二也。戎狄事晉，四鄰振動，諸侯威懷，三也。以德綏戎，師徒不勤，甲兵不頓，四也。鑒于后羿而用德度，遠至邇安，

〔註 12〕參見《國語》，卷一，〈周語上〉（以下所引皆此本，臺北：河洛圖書出版社，民國 69 年），頁 4。

五也。〔註 13〕

這是和諸戎以正諸華之策。雖然君臣二人都視戎狄如禽獸，但其策略大有不同，似有強猛與陰柔之別。

周襄王也曾迫於現實而欲和親戎狄，此由於狄人助王師以伐鄭國之故，襄公欲取狄女爲后以作回報，大夫富辰乃進諫之，他反覆說明親親之內利與離離之外利，提出尊貴、明賢、庸勳、長老、愛親、禮新、親舊等七德，重此七德，則得民心，即爲內利，反之，則失民心，成爲外利。聯狄伐鄭，又欲夷夏和親，富辰以七德的分析是這樣的：

> 夫狄無列於王室，鄭伯南也，王而卑之，是不尊貴也。狄，豺狼之德也，鄭未失周典，王而蔑之，是不明賢也。平、桓、莊、惠皆受鄭勞，王而棄之，是不庸勳也。鄭伯捷之齒長矣，王而弱之，是不長老也，狄，隗姓也，鄭出自宣王，王而虐之，是不愛親也。夫禮，新不閒舊，王以狄女閒姜、任，非禮且舊也。〔註 14〕

《左傳》中記載此事說：「報者倦矣，施者未饜，狄固貪淋，王又啓之。」〔註 15〕這裏可充分看出其時對和親政策之反對，其夷夏觀念相當固執。當然戎狄處於諸夏間，能侵擾諸夏，和親尚不致構成解決嚴重問題的要件，這與後來漢初的情形有所不同。

與諸夏以外之國的聯盟，亦是其時所盡量避免的。在魯成公時，魯欲聯楚以對晉，季文子大加反對，他以爲晉雖無道，但到底較楚與魯爲近，若聯楚叛晉，則諸侯不服，他又引周文王之史志說：「非我族類，其心必異」，即指楚不同於諸夏，必不能親盟。〔註 16〕

由於夷夏觀念之作崇，對夷狄的邊防政策上，以和戎算是最寬大之策，此和戎只是不攻伐的和平相處而已。通常是抱著雙重標準的見解，即「德以柔中國，刑以威四夷」之說〔註 17〕，似乎認爲四夷必以兵刑威之，德不足以柔服，德只能用之於諸夏之中國，此或以爲非我族類之故。

〔註 13〕見《左傳正義》，卷二十九，頁 25 下、26 上。

〔註 14〕見《國語》，卷二，〈周語中〉，頁 50。

〔註 15〕見卷十五，頁 22 上。

〔註 16〕參見《左傳正義》，卷二十六，頁 7 上。

〔註 17〕見《左傳正義》，卷十六，頁 3 下，僖公二十五年。此係晉侯啓南陽，陽樊不服，晉乃發兵圍之，陽樊人倉葛乃呼喊抗議，故知此通則爲其時之共同見解。

第三節　北疆政策之初步形成

在先秦已見到和平、主戰、聯姻等的邊防觀念，到秦漢一統與匈奴形成兩個對立的天下時，中國對北疆政策的討論也就益發激烈了。首先看看其時的夷夏觀與東周時有否異同？在大體上而言，是沒有什麼差異的，都是在強調生活習俗的不同，以及貪而好利、不講禮義、人面獸心等等輕賤之語，因之文化水準自是極其低落的。這類資料另文再述〔註 18〕，大體可以說承襲了先秦之看法，沒有特出之處。較特出的是有些想當然耳的妙論，如賈誼對文帝所說的「凡天子者，天下之首，何也？上也；蠻夷者，天下之足，何也？下也」〔註 19〕，這種非常順口的話，賈誼亦未說出什麼道理來。又如杜欽，他把漢代盛行的陰陽說用來配合，他說：

> 日蝕地震，陽微陰盛也，臣者，君之陰也，子者，父之陰也，妻者，夫之陰也，夷狄者，中國之陰也，……或夷狄侵中國，或政權在臣下，或婦乘夫，或臣子背君父，事雖不同，其類一也。〔註 20〕

這類說法自無什必然之理。雖然如賈、杜二人這類型的見解，要比先秦「深奧」些，其實輕視之心理並無二致。

能較爲客觀，寫實性較強的說法，還是以司馬遷之記載爲人所重視，其作史之態度本亦不爲什麼微言義理，或者談玄垂教而害史實。他對匈奴之記載，幾乎是所有北亞民族之概貌，也一直成爲傳統之看法：

> ……居于北蠻，隨畜牧而轉移，其畜之多，則馬牛羊，其奇畜則橐駞、駒駼、驒騱，逐水草遷徙，毋城郭，常處耕田之業，然亦各有分地，毋文書，以言語爲約束。兒能騎羊，引弓射鳥鼠，少長則射狐兔，用爲食。士能彎弓盡爲甲騎。其俗：寬則隨畜，因射獵禽獸爲生業；急則人習戰攻以侵伐，其天性也。其長兵則弓矢，其短兵則刀鋌。利則進，不利則退，不羞遁走，苟利所在，不知禮義。自

〔註 18〕如《漢書》，卷九十四下〈匈奴列傳〉所載董仲舒說：「如匈奴者，非可以仁義說也」，見頁 30 上。「夷狄之人，貪而好利，披髮左衽，人面獸心」，見頁 32 上。《後漢書》，卷十八，臧官傳中記載其上書漢光武之言：「匈奴貪利，無有禮義，窮則稽首，安則侵盜」，頁 23 上。卷四十一，〈宋均附傳〉載宋意對和帝時聽政之竇太后上書，其言以戎狄外族爲「簡賤禮義，無有上下，彊者爲雄，弱即屈服」，見頁 24 上。

〔註 19〕見《漢書》，卷四十八，〈賈誼傳〉，頁 12 下。

〔註 20〕見《漢書》，卷六十，〈杜周傳附杜欽〉，頁 9 上、下。

君王以下，咸食畜肉，衣其皮革；被旃裘。壯者食肥馬，老者食其餘。貴壯健、賤老弱。父死妻其後母，兄弟死皆取其妻妻之。其俗有名，不諱而無姓字。〔註21〕

由此不但看到匈奴生活習俗之特徵，描述簡要，也看到北亞民族在兵戰上的特點。

到班固寫〈匈奴傳〉時，他對於北疆政策之討論，提出了綜合之看法。他以爲夷狄之患，其來已久，先秦書史皆有記載，而漢興以後討論北疆政策者甚多，如高祖時的劉敬，呂后時的樊噲、季布，文帝時的賈誼、鼂錯，武帝時的王恢、韓安國、朱買臣、公孫弘、董仲舒等人，雖各有異同，總不出兩條路線，即「縉紳之儒，則守和親，介冑之士，則言征伐」，接著他說這些人的意見都偏而不全，並且略作批評，最後提出自己的看法，他說：

夷狄之人，貪而好利，被髮左衽，人面獸心，其與中國，殊章服、異習俗，飲食不同，言語不通，群居北垂寒露之野，逐水草隨畜，射獵爲生，隔以山谷，雍以沙幕，天地所以絕外內也。是故聖王禽獸畜之，不與約誓，不就攻伐；約之，則費賂而見欺，攻之，則勞師而招寇。其地不可耕而食也，其民不可臣而畜也，是以外而不內，疏而不戚，政教不及其人，正朔不加其國；來則懲而御之，去則備而守之。其慕義而貢獻，則接之以禮讓，羈縻不絕，使曲在彼，蓋聖王制御蠻夷之常道也。〔註22〕

班固之看法未必全是，但他以爲主和、主戰皆不適宜，其根本主張是對立的兩國之意。敵來則戰，去則守，基本上是維持兩個對立的天下，若有來歸者，則用羈縻之策。這種論調似有折中和、戰之義，然其牽連之問題並未再詳敘述，是以班固之見爲以靜制動者，而夷夏之分乃天經地義的。又若欲特出此論，姑可名之爲「分別論」，此論較近於主和之說。

綜上所述，中國北疆政策的初期討論，約略可分爲主和、主戰，分別等不同主張，其實還有一種「用夷論」，持此論者也可以附在主戰之中，以其有進取之意也。通常討論的主流是和、戰、用夷三種。這幾大類型的討論在秦漢時期曾反覆地論及此者，不是出自這四大類型之範疇，即是受其深刻影響，而因時勢審察，自有出入。茲論列如下：

〔註21〕見註7，頁2上。

〔註22〕見《漢書》，卷九十四下，〈匈奴傳下〉，頁32上、下。

一、主和論

自高祖平城戰後，匈奴仍不斷寇邊，漢廷決定採用劉敬和親之議，此政策附帶有物資贈予以及開關市等，這都符合北亞民族的經濟利益。漢初三朝的六、七十年間，都終以和親爲北疆政策，固是鑒於平城戰敗之訓，而不敢輕舉妄動，但主和的反戰者，亦是有其分析的觀點。在劉敬和親之前，已有提出主和之策者，他們是秦時的李斯與高祖初年的御史成，二人雖未明確提出主和之策，但反戰則是沒有問題的。

李斯以爲匈奴是游牧民族，動舉無常，難得制服。若以輕兵深入，糧食必絕，若運糧同行，則滯重不能達成任務。即使戰勝匈奴，得其地不足以爲利，得其民又不可調而守之，結果仍要放棄，如此將靡敝中國，決非良策。〔註 23〕

御史成的說法很簡單，他所考慮的是匈奴「獸聚而鳥散，從之如搏景」〔註 24〕。他與李斯都是說明出兵攻匈奴之弊，至少可知都是以和爲原則的。然則秦皇、漢高皆未採納。

劉敬之和親、厚利論爲主和之具體方案，其構想係建立在中國的倫理觀念上而言，但他似乎不知北亞民族的外婚與立嗣之法，又想借漢公主來「教化蠻夷」，配合重幣之賂，則匈奴將以漢公主爲閼氏，生子亦必爲太子；加之辯士風諭以禮節，如此即大功告成，則「冒頓在，固爲子婿，死，則外孫爲單于，豈嘗聞外孫敢與大父抗禮者哉？」〔註 25〕劉敬所強調的經濟利益是正確的，但其餘的判斷恐怕是出於一廂情願。「非我族類，其心必異」正可作此解。

劉敬在和親之策後，又復提出「強本弱末」之策，移民關中，以強化京區之安全，此爲固本。是其和親對外，固本於內，於其時仍不失爲權宜之策。

高祖死後，匈奴單于冒頓曾致書呂后，由於冒頓要與呂后「願以所有，易其所無」，激起朝廷熱烈的情緒。上將軍樊噲以其不遜，請兵北伐，中郎將季布反對之，他以平城之圍爲例，說道：

> 今歌唫之聲未絕，傷痍者甫起，而噲欲搖動天下，妄言以十萬眾橫

〔註 23〕參見《漢書》，卷六十四上，〈嚴朱吾丘主父徐嚴終王賈傳〉，頁 17 下～18 上。
〔註 24〕同前註，頁 18 下。
〔註 25〕見《史記》，卷九十九，〈劉敬傳〉，頁 4 下。

行，是面謾也。且夷狄譬如禽獸，得其善言不足喜，惡言不足怒也。〔註 26〕

季布所言漢初國力不強，正值清簡待蘇之際，見解頗是。他又舉出秦以事匈奴，疲弊天下而亡國之證，「搖動天下」一語果然是有力的，何況樊噲還是平城之戰的敗將。廷議至此，呂后爲之罷朝，此後不再議伐匈奴，而和親續行。

文帝初即位，仍以和親爲北疆之策，但匈奴右賢王背約入河南地，文帝見勢不利而發兵，右賢王走出塞，文帝又親巡太原，其膽氣頗壯，然其時國內有濟北王劉興居之反，文帝撤兵定亂乃止。

冒頓不久擊破月氏，氣勢壯盛，其致書漢廷頗有炫耀威逼之意，朝廷公卿一致請文帝持和親之約，這是「恐匈症」心理，以爲匈奴新勝而不敢開罪〔註 27〕。和親固和親，但匈奴始終不斷寇邊，文帝厚賂之，又開關市，明定國界；以長城分別之，要各自約束，互不侵犯〔註 28〕。文帝雖主和親，但也曾發兵拒匈奴，積極移民實邊，較諸平城之圍後，任由匈奴「小入則小利，大入則大利」要進步得多。〔註 29〕

在前文中曾言及春秋時魏絳的和戎之策，當時列國競爭，有其國際關係之背景，戎狄時已在中國，戎晉間是不被隔離的同一天下。秦漢以後之匈奴，是被認爲化外之族，在不同的兩個天下，若中國之天下爲化外而遭動搖，實爲不值。同爲和戎之策，然時代已大不相同。

武帝在史上是以擊匈奴而著名，然其時亦有力持主和之策者。如董仲舒，他除去主張和親、厚利、盟約，又有入質爲約束。然則匈奴桀驁不馴，決不肯以愛子入質，若不入質，則盟約之約束力無效，此亦無非重蹈劉敬之轍的結果，即匈奴仍然入寇。〔註 30〕

武帝建元六年（前 135），匈奴軍臣單于依前來請和親，武帝下廷議。大行王恢熟悉邊情，以爲和親政策只能維持數年，不如出兵擊之。御史大夫韓安國力表反對，其說法與李斯說秦皇相同，即出兵乃無利有弊之舉，宜維持和親之故策。由於其時群臣附議和親，又以武帝即位不久，尚無充分準備，於是和親政策例行之。

〔註 26〕見《史記》，卷一〇〇，〈季布傳〉，頁 2 下。

〔註 27〕參見註 7，頁 13 上～14 上。

〔註 28〕參見註 7。

〔註 29〕見《漢書》，卷四十九，〈鼂錯傳〉，頁 8 下。

〔註 30〕見《漢書》，卷九十四上，〈匈奴傳上〉，頁 23 上、下。

兩年後，有關市邊邑之土豪聶壹者，上計誘匈奴之策，由王恢疏之於朝廷，而韓安國又與之有激烈的辯論，《史記》與《漢書》都記載了這段精采的場面；雙方各執和、戰一詞。王恢所持之重點在「匈奴初和親，親信邊，可誘以利致之，伏兵襲擊，必破之道也」。韓安國反對能致戰之各種策略，他說「意者有他繆巧，可以禽之，則臣不知也，不然，則未見深入之利也」。大體上朝臣多反對出戰，王恢乃重申出戰非指深入，僅以利誘單于，而伏兵擒殺即可。武帝此時深覺和親之策的無效，也有求一勞永逸之策的心理，乃改而支持王恢之議。王恢之策的實行，即史上著名的「馬邑之謀」，其結果是目的未遂，王恢因罪自殺。〔註31〕

當時主和親者固不止韓安國一人，另有博士狄山者亦主之，其論說之重點在於指出武帝前之歷史故事，並以興兵出擊將導至「中國以空虛，邊大困貧」〔註32〕，結果與法家張湯廷爭。最後狄山之下場，是被迫守邊區而爲匈奴所殺。其時張湯等正爲武帝所信任之法家之徒，另有趙禹、杜周等人，他們多輕視儒家者流，頗能合「內多欲而外施仁義」的武帝〔註33〕。是以狄山與張湯之爭亦有儒法之爭的背景，而狄山可謂其犧牲品矣！

武帝時又有主父偃、徐樂、嚴安三人上書，言治安之策，除徐樂外，偃、安二人都明顯地有反戰之意，所論之重點不外乎舉秦皇、漢高對北疆戰事之弊，導至靡敝天下，至於匈奴之寇盜是其天性，以中國疾苦而事外夷，結怨深仇，不足以償天下之費，而且「兵久則變生，事苦則慮易，使邊境之民靡敝愁苦，將吏相疑而外市」〔註34〕。又以主戰乃人臣之利，決非天下之長策，且中國並無危警，而若外累於遠方，實非養民之道。爲無窮之欲，甘心快意，結怨於匈奴，亦非安邊之策。兵連禍結、輸糧不休，「此天下所共憂也」。〔註35〕

到宣帝元康時又有趙充國主戰，而魏相上書止之，他以出兵無名無由，並含諷勸之意〔註36〕。王莽之時，庫府充足，有意大伐匈奴以立威，嚴尤反

〔註31〕以上諸言論及馬邑之謀等，可參見《史記》，卷一〇八，〈韓長孺傳〉，頁4上、下。《漢書》，卷五十二，〈韓安國傳〉，頁14下～21下。

〔註32〕見《漢書》，卷五十九，〈張湯傳〉，頁2上、下、3上。

〔註33〕語見《史記》，卷一二〇，〈汲鄭列傳〉，頁2上、下。汲黯亦與法家張湯等辯，見頁3上、下。

〔註34〕見《漢書》，卷六十四上，〈主父偃傳〉，頁19上。

〔註35〕見《漢書》，卷六十四下，〈嚴安傳〉，頁4上。

〔註36〕參見《漢書》，卷七十四，〈魏相傳〉，頁4上、下。

對甚力，以為無必征之理。他指出對北疆征討的三個朝代中都沒有上策，在周時是得中策，西漢時為下策，而秦時可謂無策。又舉出聚重兵（三十萬）、備糧（三百日）以征遠地之種種困難。總之，他認為「大用民力，功不可必立」。雖然嚴尤最後亦主張親率前鋒出擊，以重創匈奴，但這也不過是不願弗王莽心意之辭，而前面的長篇大論才是其主和之本意。〔註 37〕

東漢光帝亦不主戰，當臧宮與馬武二人上書，提出對北疆採進取攻勢，並鼓之以刻石立功之業，光武未予採納，還引黃石公之道家思想述明其觀點，此主和之立場甚明〔註 38〕。其實臧宮頗得光武信任，在此前他就有意領兵北伐，其時匈奴有內亂，伐之將可成功，然而光武亦一笑置之。

東漢以後偏向於進取之策，亦頗有可觀之處，而主和之言多不出前漢之論。如和帝時，竇太后臨朝，有北伐匈奴之議，時有袁安、宋由、任隗等表反對，侍御史魯恭亦上疏爭論，他以為「聖王之制，羈縻不絕而已」，並且強調邊境無事，無必征之理，宜修行仁義以侍之〔註 39〕。觀其論點仍不出前漢儒士政論之要；舉出對外族征戰的諸多不利之處，應體恤百姓，而「修文德以來之」，此外則無他法了。

二、主戰論

這一類型的議論除直言發兵攻擊外，有時又與「用夷論」相互配合。除高祖外，大約是武帝時確立主動攻擊之策。前已言及文帝時曾動員大兵於北疆，此係受迫於匈奴之南進，但仍以和親為本。

武帝時王恢與韓安國之辯和戰前已述及。在此要提的是，王恢所論即主戰者常在言語間用來說明其所以主戰之理，如匈奴不斷入寇，足見和親之無效，此因匈奴「以不恐之故耳！」主戰係「夫匈奴獨可以威服，不可以仁義畜也」；這可與前文所言，外夷無仁義，刑以威四夷等夷夏觀念相參見。至於所謂先王之法的邊防政策，乃「五帝不相襲禮，三王不相復樂，非故相反也，各因世宜也」〔註 40〕。這一類的言論頗能動武帝之心，尤其武帝是積極進取之君。

至於如博士狄山者流，他與其他儒士所論相同，主戰者固可如王恢辯論

〔註 37〕見《漢書》，〈匈奴傳下〉，頁 19 上、下。

〔註 38〕見《後漢書》，卷十八，〈臧宮傳〉，頁 23 上～24 上。

〔註 39〕見《後漢書》，卷二十五，〈魯恭傳〉，頁 7 下～9 上。袁安等事見卷四十五，〈袁安傳〉，頁 5 下。

〔註 40〕參見註 32。

不休，但亦有任法如張湯之言：「此愚儒無知」。〔註41〕

再看光武時臧宮與馬武的上書主戰。其時匈奴飢疫，正為出兵良機，上書中所說匈奴貪利無信義，窮則請和稽首；安則侵盜沿邊。這種論調固為主戰者的根本理據無疑。

武帝的主動攻勢是國史中的大事，其戰略構想及利弊得失亦有專文討論〔註42〕。要之，武帝見於前代政策不能徹底解除北鄰之威脅，乃有意全盤檢討，重新建立其戰略構想，並尋求盟國，其進取中亦含有以夷制夷之略，以此打破漢初以來匈奴為主動之局。武帝時自有其相應條件之配合，如諸侯王之安服，使內無顧慮，積蓄前代財富，有充實之府庫等。在東漢安帝時，尚書陳忠解釋了武帝的構想是相當有遠見的，他說：

> 臣聞八蠻之寇，莫甚北虜。漢興，窘平城之圍，太宗屈供奉之恥。故孝武憤怒，深惟久長之計。命遣虎臣，浮河絕漠，窮破虜廷，當斯之役，……府庫單竭，杼柚空虛，算至舟車，貲及六畜，夫豈不懷？慮久故也。遂開河西四郡，以隔絕南羌；收三十六國，斷匈奴右臂。是以單于孤特，鼠竄遠藏。至於宣、元之世，遂備蕃臣，關徼不閉，羽檄不行。由此察之，戎狄可以威服，難以化狎。……今北虜已破車師，勢必南攻鄯善，棄而不救，則諸國從矣。若然，則虜財賄益增，膽勢益殖，威臨南羌，與之交連。如此，河西四郡危矣。河西既危，不得不救，則百倍之役興；不貲之費發矣。議者但念西域絕遠，卹之煩費，不見先世苦心勤勞之意也。〔註43〕

陳忠之論仍是「刑以威四夷」之見，不過他很能說明武帝之主戰的國防戰略，就此而言，主戰派亦非全為窮兵黷武者流，是有其國防上的考慮。

相應地還有和帝時的王符，他的救邊、邊議、實邊三論，也都傾向於武帝之戰略，他以為古詩書中不乏贊美討伐之辭，「自古有戰，非乃今也」。為了根本禍源宜作徹底之解決，費兵費財乃在所不免，況夷狄並非難制，唯其膽怯則任其寇邊害民，最後終須移民實邊，始可得久安之計。〔註44〕

〔註41〕見註33。

〔註42〕可參見管東貴，〈漢武帝時期扭轉北疆情勢的原因分析〉，政治大學，《國際中國邊疆學術會議論文集》（民國74年），頁307～322。另見吳慶顯，《漢武帝時代中國對匈奴的戰爭》（鳳山：黃埔出版社，民國68年）。

〔註43〕見《後漢書》，卷八十八，〈西域傳〉，頁4下～6上。

〔註44〕參見王符，《潛夫論》（臺北：世界書局，民國67年，新編諸子集成），頁107～122。

主戰論往往與以夷制夷之策相連，且愈往後愈有此傾向，殆自武帝出兵前，必有綜合其時所知各議論而作之通盤策劃，攻戰與以夷制夷相配合，經武帝而後的付諸實際，是相當可行之法。

三、用夷論

這一類型包括了以夷制夷與以夷攻夷之構想，制夷在基本上含有攻戰之意，是攻戰爲制夷之延伸。制夷與攻夷之間仍有些許區別，前者在於透過各種方式造成一種形勢，用以牽制或阻嚇，重在防衛體系的建立與準備對抗之構想，或在造成均勢之維持。後者是積極策動結盟，用來發動軍事攻擊，或者促使敵體的互相攻戰。此兩者姑可合爲用夷之策。

賈誼首先向文帝提出以夷制夷的概念，他也是平城之圍後，第一個提出較積極的北疆政策者。在《漢書》中並無記載其具體之方案，只說出其進取之決心。倒是在註其名的《新書》中有載，約略有三要項：其一爲收編匈奴之眾，使千家爲一國，環列塞外，用以防備月氏、灌窳等外族。其二爲外族守備，中國則可罷邊民與天下之兵。其三爲「三表五餌」之策，即信其善言，好胡之長技，使之見愛於漢天子，此謂之三表。五餌可見名思義，即是以各種生活物質上之享受爲餌，以壞其目、壞其耳、壞其腹，而後能獲其心〔註 45〕。這是很標準的以夷制夷之策，納外族爲防衛體系，委以邊防之任，又有封建而少其力的意思。構想頗佳，然則如何能使匈奴收編爲己用則無答案，大概即以三表五餌之法，此仍不脫以物質畜養之策。另外可能牽連之問題，如受安置之降胡有增多之勢則如何？若大量供給物資時之耗費如何？降胡如定居，其生產方式與其在該地的勢力都將成爲重大問題。班固在〈賈誼傳〉的贊中就批評他：「其術固疏矣」，或覺得是不太可能行得通的。

接著鼂錯亦響應用夷之策，其分析與方案和《新書》略不同。雖然他說過「以蠻夷攻蠻夷，中國之形也」，但就其所論仍在於防衛體系之建立，沒有多少主動攻擊之目的。他先分析匈奴之長有三：其一爲匈奴之馬，上下山坡，出入溪澗，強過中國。其二爲騎射之術強過中國。其三爲騎士之勞苦耐力過於中國。他分析中國之長亦有五項：一爲平原作戰，輕車突騎，能亂敵

〔註 45〕參見《新書》，〈匈奴事勢〉，頁 31 上、下（臺北：臺灣商務印書館，四部叢刊初編）。另可參見《漢書》，卷四十八，〈賈誼傳〉，班固贊文中顏師古之註，頁 30 上。

陣。二為勁弩長戟，勝於匈奴之弓。三為堅甲利刃，長短並用，而匈奴之兵無法抵擋。四為齊發箭陣，優於匈奴。五為下馬陣決，戰術高超。簡言之，其用意在說明敵我各有優劣，而當明己彼，若能配合雙方之長於己則最為理想。故而若收編與匈奴同類之外族，自然等於也具備了與匈奴相同的長處，以之配合漢兵之長，皆用之於最能發揮其長技的戰場，相為表裏。為達成制夷之成功，他另有幾個方案，其詳不備述。大體上是擇將帥、練精兵、修利器、以及徙「壯有才力」者實邊，加以勸農桑以利生計，教民陣戰以自衛等。〔註46〕

鼂錯的北疆之策要比《新書》所論為詳，亦較具體。相同的都是在建立防衛體系的以夷制夷為主。相異的是《新書》以邊防之任委於外族，而鼂錯雖亦收編外族，但重在本國之移民實邊，掌握塞防之任，戰時則以夷之長配合中國之長。

漢初以夷制夷之策到武帝時漸成熟為主動攻擊的以夷攻夷，但由於武帝的大張撻伐，弄得財政困難，民生困苦，進取之策乃備受責難，然用夷之論並不減退，不過其時之特色已偏向於經濟立場，而重點在於運用外族的兵力為主。除去財政原因外，還有儒家政治勢力在昭、宣以後逐漸抬頭，故而像《新書》所論制夷之策亦隨之升起，再加上漢人已漸熟練胡人之長，亦不必全如鼂錯所論，來借重夷之長技以制夷。〔註47〕

用外族、休中國，成為時論潮流，運用此策而有成果，則更助長此理論之可行性。武帝晚年對匈奴的幾次戰爭，損失慘重，輪臺之詔說明了漢帝國對北亞外族政策的轉變，使得雙方也因此得以休生養息。武帝所開創之戰略及施行之結果，在匈奴方面，使其處於嚴重不利之地位，除去人口、財畜之大量損失外，又失去河西、河南等美好之牧場，以及促使匈奴喪失西域之霸權，加以其他民族如烏桓、丁零、羌等的崛起，還有烏孫的親向中國等。匈奴欲挽回其劣勢，終至發起戰事於宣帝本始二年（前72年）。匈奴進兵烏桓，是為突破其困境之努力，漢朝除派重兵出擊外，運用了一次很好的以夷攻夷之戰，即常惠以所監領烏孫及西域各國聯軍大破匈奴〔註48〕這頗合於國外決戰之略。

〔註46〕參見《漢書》，卷四十九，〈鼂錯傳〉，頁9上～16下。
〔註47〕參見邢義田，〈漢代的以夷制夷論〉，《史原》，第五期（臺北：臺灣大學歷史研究所，民國63年），頁9～53。
〔註48〕參見《漢書》，卷九十六下，〈西域傳〉，烏孫條，頁5下。

至地節三年（前67年）的車師之戰，為駐西域的都護鄭吉發動的以夷攻夷戰，他領西域諸國軍及屯田軍決戰，結果又使匈奴喪失物阜土肥的盟國〔註49〕。這仍是國外決戰。

匈奴衰微，單于爭立，郅支單于遠走康居，時西域都護甘延壽、副使陳湯，率領一支遠征出擊，這是胡漢混合兵團，多用西域各國之兵。建昭三年（前36年）擊殺郅支單于。但因陳湯係矯詔發兵，故在元帝朝廷論其功過時有所爭議，這其中亦有儒生派如匡衡、張譚等，與陳湯、陳咸、朱博等實際派之政爭在內〔註50〕。結果雖以功封侯，但食邑減少。再由劉向的上疏中可以看出他對這次用夷之策的讚揚，他以為「論大功者，不錄小過」，提出以前論李廣利之功過時，武帝亦以「為萬里征伐，不錄其過」之說，但李廣利為武帝所偏愛的外戚將領，此貳師將軍遠征匈奴，結果損失慘重，故劉向有意黜李而揚陳，說甘、陳二人「不煩漢士，不費斗糧，比之貳師，功德百之」。後來元帝下詔亦云：

> 內不煩一夫之役，不開府庫之藏，因敵之糧以贍軍費，立功萬里之外，威震百蠻，名顯四海，為國除殘，兵革之原息，邊竟得以安。〔註51〕

這說明當時確是強調休養中國，而重用夷之觀點，以達成國外決戰之策略。

東漢的用夷論頗為盛行，其中有重於制夷之勢的構想，有主攻夷的計畫。總之，皆以為當時用夷的背景最好。其時北亞已無一如前匈奴似的大帝國存在。論用夷之策者，如前述臧宮、馬武；主張以各外族夾擊匈奴，如此可省中國之兵。耿國主張以來降之南匈奴為北疆塞防之臣。章帝時的宋意，主張以南、北匈奴互為牽制，加以鮮卑與之抗衡，中國則可坐享大功。耿秉也主張乘北亞紛爭時，以夷攻夷。班超更以為用夷攻夷乃上策，此可不費中國之兵，而糧食亦足〔註52〕。在諸多議論中，皆可見其看法不外於前漢所論，即要充分利用前來內附之外族，所謂「招來種人，給其衣食，置校尉以領護之，遂為漢偵備……」〔註53〕。換言之，用夷之先決條件是安其生計，或者

〔註49〕參見註48，頁11上。

〔註50〕參見傅樂成，〈西漢的幾個政治集團〉，《漢唐史論集》（臺北：聯經出版事業公司，民國66年），頁32～34。

〔註51〕見《漢書》，卷七十，〈陳湯傳〉，頁15上。

〔註52〕參見註47，頁29～33。

〔註53〕見《三國志》，卷三十，〈烏丸鮮卑東夷傳〉，頁6下，裴松之註引《魏書》。

另以經濟物資的滿足爲條件。進一步可見於其下之言論：

臧宮、馬武之計畫，要用「厚縣購賞」達成用夷之策〔註 54〕。靈帝時討論用夷攻羌胡之亂，應劭主張用隴西親善的羌胡，反對用強暴的鮮卑人，他說用隴西羌胡，但要「多其牢賞，……必能獎厲得其死力」，至於鮮卑人「唯至互市，乃來靡服。苟欲中國珍貨，非爲畏威懷德，計獲事足，旋踵爲害」〔註 55〕。這說明了經濟物資對守善不變的隴西羌，與貪暴的鮮卑人都是同樣地重要，鮮卑係因貿易關係而「靡服」，但因其強勇，恐難制之而遺後患。

宋意言及東漢初外族之內附，要對之「羈縻畜養」，才使邊民得生，勞役休息。至於鮮卑之攻北匈奴，「正是利其抄掠，及歸功聖朝，實由貪得重賞」。〔註 56〕

貿易與賞賜是羈縻的重要手段，制夷、攻夷都不出此手段。若由經濟觀點而言，中國所付之代價頗爲値得，故而諸多議論都傾向於用夷之論，此亦有可徵實之因。各類的互市、關市等都屬之貿易，常科、例賞，特別之懸賞、賑恤等可歸之於賞賜，這些對中國而言，都遠比動員漢人作戰要省費多多。〔註 57〕

用夷論之基本假設並不錯，如北亞民族的確需要貿易、賞賜等，以及對於中國之物資極有興趣等。不過漢人本身也還要有相當財力，再加上能戰的兵力爲後盾。東漢盛行用夷論，過分依賴外族兵力，自是不正當政策之發展〔註 58〕。另外一個相關問題，即前文已言及，外族款塞捍邊，但胡人不斷內徙，終至會使沿邊州郡成爲胡人天下。果然東漢內徙之外族較西漢爲多，和帝時的袁安與任隗有徙戎之論，正說明其情況之可憂，一旦對這些外族無力控制之時，自易生亂；有時助長中國之內亂，有時則坐大成獨立之勢。范曄在其《後漢書》中論兩漢用夷之策是「失其本」，王夫之在其《通鑑論》中責爲「亡國之言」〔註 59〕，范、王二人固因所處時代而有所發，但用夷之策所

〔註 54〕同註 39。

〔註 55〕見《後漢書》，卷四十八，〈應劭傳〉，頁 14 下～15 上。

〔註 56〕見《後漢書》，卷四十一，〈宋意傳〉，頁 24 上、下。

〔註 57〕參見註 47，頁 30～38。

〔註 58〕關於東漢用外族之兵，可參見邢義田，〈東漢的胡兵〉，《政治大學學報》，第二十八期，頁 143～166。

〔註 59〕《後漢書》，見卷八十七，〈西羌傳〉，范曄於傳末的評論，頁 40 上。王夫之《讀通鑑論》（臺北：河洛圖書出版社，民國 65 年），卷四，〈漢昭帝〉二，另可參見卷四，〈漢昭帝〉二，卷六，〈光武〉三十三等，頁 86、178、201。

引起諸問題亦是值得深思熟慮的。

東漢中期後，匈奴衰微日甚，內附於漢者也愈多，漢以羈縻之策待之，匈奴居朔方諸郡與漢人雜處，漸漸戶口蕃息。至漢末天下騷動，朝廷以胡人漸多，恐為後患，於是在建安中（196～219）採取分化之策，分立五部，使各有帥酋，而以漢人監督之，此即「國小權分」之法，可稱之為「建安制」，這仍不出用夷之大原則。若必欲細分字辭，則此為以夷治夷之法；使其安定生息，必要時則可用以夷制夷，乃至於攻夷。「建安制」是封建、懷柔、分化之策的綜合體，亦即眾建諸侯而小其力的表現。

四、分別論

最後再略述前文所舉班固之「分別論」。其論點並非「胡漢」全不往來，他說「羈縻不絕，使曲在彼」，雙方和平往來，儼然有平等相待之國，羈縻就有懷柔之意，故說其近主和，但精神上已直追漢文帝國書中所說的兩個天下，文帝又說「忘萬民之命，離兩主之驩」，「兩主」自是兩國之君。此外，又有「兩國之民」之語〔註 60〕，此決不同於賈誼所說什麼上下倒懸、威令不行之類的「可為流涕」事也〔註 61〕。文帝國書中有「和親之後、漢過不先」，亦即班固所言「使曲在彼」之意。班固所論或受其父班彪之影響，建武二十八年（52 年）北匈奴求和親，光武下三府議之，班彪即有一篇奏疏，此文本傳中不記，載於〈匈奴列傳〉之中，文長不錄。其要點在於不主戰，並接受北匈奴之請和，他說：

> 今既未獲助南，則亦不宜絕北。羈縻之義，禮無不答，謂可頗加賞賜，略與所獻相當，明加曉告以前世呼韓邪、郅支行事。報答之辭令必有適……。〔註 62〕

班彪並代擬報答之辭。綜觀全文與班固所言相通，不正是「其慕義而貢獻，則接之以禮讓，羈縻不絕，使曲在彼」乎？光武本以主和為政，自當接受班彪之議，不卑不亢，正得其宜。

距班彪奏疏之前約半世紀時，著名的學者揚雄已提出相同之看法，時在哀帝建平五年（前 2 年），匈奴上書來朝，時哀帝病疾，朝廷公卿迷信匈奴使者之來，不利於中國，欲拒退來使，揚雄乃上長篇之諫書，強調其羈縻之見：

〔註 60〕見註 7，頁 19 上。

〔註 61〕見註 20。

〔註 62〕見《後漢書》，卷八十九，〈南匈奴傳〉，頁 10 上、下。

……然尚羈縻之計，不顓制，自此之後，欲朝者不距，不欲者不彊，……奈何距以來厭之辭，疏以無日之期，消往昔之恩，開將來之隙。夫疑而隙之，使有恨心，負前言、緣往辭，歸怨於漢，因以自絕。〔註63〕

揚雄說「不顓制」即不專制以爲臣妾之意，換言之，即視之爲鄰邦，此與視外族爲天經地義的臣下不同，故而來朝者即不拒，不來者亦不強使之來，亦即以靜制動的分別之論。揚雄以爲自動來朝者不拒，以免使其「歸怨於漢」，此即班固「慕義而貢獻，則接之以禮讓，羈縻不絕，使曲在彼」之意，亦即班彪「羈縻之義，禮無不答」。

若再往上溯約半世紀左右，仍可找到這類的分別論，即宣帝時之太傅蕭望之。其時呼韓邪來朝，廷議以接待之禮，時丞相黃霸與御史大夫于定國所議，皆歌功頌德之表面文章；欲以呼韓邪位在諸侯王下，當其臣服之意。蕭望之乃上奏章論之，其議爲：

單于非正朔所加，故稱敵國，宜待以不臣之禮，位在諸侯王上。外夷稽首稱藩，中國讓而不臣，此則羈縻之誼，謙亨之福也。書曰：戎狄荒服，言其來荒忽亡常，如使匈奴後嗣卒有鳥竄鼠伏闕於朝享，不爲畔臣，信讓行乎蠻貉，福祚流于亡窮，萬世之長策也。〔註64〕

文中之語眞爲開放平等之態度以對「夷狄」，看其「非正朔所加」、「不臣之禮」、「不爲畔臣」等，實爲明確之論，此與多數論者視外族爲王臣，大相違背，在國史中亦竟不多見也。蕭望之在疏此論前數年，甚至引《春秋》之義以明其所見。當時匈奴內亂，朝議欲乘機發兵滅之，望之說以春秋時晉國士匄帥師侵齊故事，因齊侯死而士匄還師，故「君子大其不伐喪」〔註65〕。可知望之竟比漢與匈奴於春秋時列國。

第四節　小　結

中國北疆政策之初期形成，係經過秦漢約四百餘年之久，始能見其完全之發展，它不惟可了解其時夷夏觀念之演變，以及對北疆政策的諸多討論，亦可提供給檢視後代邊政之參考，而所列舉的幾種類型，大體上在後來仍不

〔註63〕見《漢書》，卷九十四下，〈匈奴傳下〉，頁16下～17上。
〔註64〕見《漢書》，卷七十八，〈蕭望之傳〉，頁10上、下。
〔註65〕見註63，頁7下。

斷地出現。茲再集約其主要依據之論點如下〔註66〕，以爲本章之結語。

主和論：

1. 軍事上不易取勝，因匈奴有北亞民族作戰之各種特長。
2. 以政治觀點而言，北敵不可強擊，恐動搖天下。
3. 以文化傳統而言，宜修文德而來之，不當訴諸武力。
4. 和親爲高祖所立之法，不當輕易更動。
5. 若無大害，則保持原狀，不必啓事。
6. 借財利可賄賂之。
7. 借姻親可籠絡之。

主戰論：

1. 以和親事蠻夷，爲中國之恥。
2. 和親無力，不能解決邊患。
3. 中國物富人蓄，匈奴國力則不如，故傾力可戰勝。
4. 以歷史文化考察，蠻夷只可力服，不能修文德以來之。
5. 匈奴衰弱或有事故，是打擊之時機。
6. 古籍詩書讚揚討伐之功。

用夷論：

1. 胡漢各有其長，以夷之長而制夷。
2. 武帝之伐匈奴，消耗國力甚重，影響國家安全。
3. 北亞民族極需中國之經濟物資，故可以財利誘之。
4. 匈奴帝國分裂，其他外族競起，是可利用之良機。
5. 以財利誘外族相制、相攻，遠比動中國之兵省費。
6. 達成國外決戰的戰略構想，根本須要外族兵。

分別論：

1. 夷夏本爲不同之民族、文化，自可分離。
2. 來則待之以禮，寇者出兵禦之，去則不予理會，乃是合理之法。
3. 承認相對等之國際地位，不以其爲王臣，是合乎古訓。

〔註66〕以下所列主和、主戰之論點，部份參酌張春樹，《漢代邊疆史論集》（臺北：食貨月刊社，民國66年），導言部份。

第四章　胡族之入居與內外動亂

第一節　兩漢魏晉時期胡族的入居與南移

永嘉之禍，兩晉滅亡，國史上所謂「五胡亂華」時代於此開始。從秦漢一統至西晉滅亡，其間五百餘年皆以漢族所建立各朝代爲中國。永嘉以後，中國南北分裂，而各自有其分合遭遞，北方幾盡爲胡人天下，所謂五胡的非漢民族在中國本土建朝立國，徹底打破過去胡漢對立之天下，以及「裔不謀夏」之願望，反而呈現出「蠻夷滑夏」的狀況。

秦與漢初所受外來的最大威脅是北疆的匈奴，自武帝開塞出擊到東漢晚期，雙方和戰關係不定，而對於北疆之國防與政策等，始終爲兩漢廟堂中之大事，其情形前章已述。此後匈奴對漢之威脅逐日而減，以至於破敗分裂。大體看來，就勢力的消長而言，兩漢較能控制北疆之局面，魏晉繼之。由於長期的對抗，時局之變動，北疆亦隨之發展出不同的局面，除去部份對抗的勢力外，又有內附於中國的各族，以及乘北疆權利的空隙而漸次遞補進來的新勢力。這種長期造成的新形勢，極易參與中國的內爭之中，其間的因素不一，但中國內部的治亂實爲主導之要件，其中也涵蓋了精神文明與時代風氣。再次則爲民族間的感情問題，此一問題通常有較長的潛伏期，直接與之有關者，則爲中央朝廷與地方官吏的民族政策以及行政之措施等。

就形勢上來看，既然漢魏晉三代大體上能控制北疆的局勢，則永嘉之禍的發生就應該由其民族政策著眼。正如范曄在《後漢書》中所論，認爲東漢民族政策之錯誤在先，而「降及後世，翫爲常俗，終於吞噬神鄉，丘墟帝

宅」。〔註1〕

本文主在述論胡族之漸次入居與內亂之關係。北疆民族之內屬於中國，可自漢武帝時代開始，今依此略作敘述。

武帝元狩二年（前 121），匈奴渾耶王殺休屠王，併其眾凡四萬人降，以其地爲新秦中，移關東貧民以實邊，並以其故俗分處降者爲五屬國；自朔方至隴西沿河一線以東之地。〔註2〕

元狩四年（前 119），霍去病破匈奴左地，原來臣屬匈奴之下的烏桓，因之脫離匈奴勢力而附於漢，乃遷之於上谷（治沮陽，察哈爾懷來）、漁陽（治漁陽、北平東北）、遼東（治襄平，遼寧瀋陽北）、右平（治平剛，遼寧凌源西南）、遼西（治陽樂，河北灤縣東北）五郡塞外，爲漢偵察匈奴動靜，並置護烏桓校尉監領之。〔註3〕

宣帝地節二年（前 68），匈奴居左地的西嗕部眾降漢〔註4〕。但居處不詳。

神爵二年（前 60），匈奴日逐王先賢撣降，領部眾萬二千與小王將十二人，日逐王受封爲歸德侯單于〔註5〕。同年又有羌人降，置金城屬國（青海東南）以置之。〔註6〕

五鳳三年（前 55），其時五單于爭立，匈奴呼韓邪單于左大將烏厲屈，及其父呼遬累烏厲溫敦，率部眾數萬餘降漢，漢封之爲新城侯與義陽侯，並以西河（治平定，綏遠東勝南）、北地（治馬領，甘肅環縣）屬國安置之。〔註7〕

甘露二年（前 50），呼韓邪單于款五原（治九原，綏遠包頭西）塞，願奉

〔註 1〕見《後漢書》，卷八十九，〈南匈奴傳〉（百衲本，以下所引諸史皆同），頁 38 上。

〔註 2〕其事參見《漢書》，卷六，〈武帝紀〉，頁 15 上。卷十七，〈功臣表〉，以昆邪王將眾十萬降，見頁 12 上。關於降眾所處之地與設郡問題，諸多記載有何不同，參見張春樹，《漢代邊疆史論集》，〈漢代河西四郡的建置年代與開拓過程的推測〉（臺北：食貨月刊社，民國 66 年），頁 12 下。

〔註 3〕參見《後漢書》，卷九十〈烏桓鮮卑傳〉，頁 3 下。原傳中未說明其時爲元狩四年，今以漢書武帝本紀與匈奴傳、霍去病傳等觀之，破匈奴左地當在此年。又王先謙集解引錢大昕說，以原文僅止四郡名，脫「遼西」郡。

〔註 4〕參見《漢書》，卷九十四上，〈匈奴傳〉，頁 36 上。

〔註 5〕參見《漢書》，卷八，〈宣帝本紀〉，頁 17 上。卷九十四上，〈匈奴傳〉，頁 38 上。卷七十〈鄭吉傳〉，頁 4 下。

〔註 6〕參見《漢書》，〈宣帝本紀〉，頁 16 下。卷六十九，〈趙充國傳〉，頁 17 下。

〔註 7〕參見《漢書》，〈宣帝本紀〉，頁 19 下。卷九十四下，〈匈奴傳〉，頁 2 上、下。

珍來朝，次年初朝見宣帝，漢待禮以諸侯王之上，後呼韓邪居於朔方雞鹿塞，受漢方保護與援助。〔註 8〕

元帝永光元年（前 43），呼韓邪單于以人口漸蕃，而塞下禽獸漸盡，又以其不畏北單于郅支，故欲北歸。漢使韓昌、張猛與之訂盟，呼韓邪乃北返其國。〔註 9〕

光武建武二十四年（48）匈奴分南、北，莫韃日逐王自立爲南單于，號呼韓邪單于。建武二十六年，南匈奴入居雲中，漢置使匈奴中郎將，於是令雲中、五原、朔方、北地、定襄、雁門、上谷、代等八郡民歸於本土。後以拒戰北匈奴不利，乃遷之於西河，後遷美稷（綏遠鄂爾多斯左翼前旗）。沿邊八郡收復後，南匈奴分別於八郡列置諸部王，各部王皆領部眾爲郡縣偵羅耳目〔註 10〕，可知南匈奴成爲國防的外環。

明帝永平二年（59），北匈奴護于丘率部眾千餘人來降〔註 11〕。十六年（73），南匈奴領兵敗北匈奴王，降眾三、四千人。章帝建初八年（83），北匈奴三木樓訾大人稽留斯等，率眾三萬八千，馬二萬匹，牛羊十餘萬，款五原塞降〔註 12〕。元和二年（85），北匈奴大人車利涿兵等，亡來入塞，共有七十三輩。這段時期，每年總有數千人來降，至章和元年（87），鮮卑大破北匈奴，北庭大亂，屈蘭儲、卑胡都須等五十八部，口二十萬，勝兵八千人至雲中、五原、朔方、北地降〔註 13〕。此後，北匈奴日衰，加以飢荒，降者前後而至。南單于有統一北匈奴之志，於是請漢軍援助。和帝永元元、二、三年（89～91），連續大破北匈奴。在此前來降者大約達三十萬人，而後在永元二年時，得戶三萬四千，口二十三萬七千餘，勝兵五萬餘。〔註 14〕

南匈奴部眾日蕃，又有新舊降胡間的糾紛，引發不少變亂，其中以單于

〔註 8〕參見《漢書》，〈宣帝本紀〉，頁 23 上。卷九十四下，〈匈奴傳〉，頁 3 下～4 上。

〔註 9〕參見《漢書》，卷九十四下，〈匈奴傳〉，頁 5 上下。

〔註 10〕參見《後漢書》，卷一下，〈光武本紀下〉，頁 24 上。卷八十九，〈南匈奴列傳〉，頁 4 下～5 上。

〔註 11〕參見前註，〈南匈奴傳〉，頁 12 上。

〔註 12〕參見〈南匈奴傳〉，頁 14 上、下。

〔註 13〕參見註 12，頁 14 下～20 上。

〔註 14〕參見註 12，頁 19 下～20 上。據卷二十三，〈竇憲傳〉云永元元年之役，有匈奴八十一部、眾二十餘萬來降，見頁 23 下。永元二年之數係「連剋獲納降」所得總數。又據〈南匈奴傳〉，永元六年「新降胡遂相驚動，十五部二十餘萬人皆反畔」，可知永元以來北匈奴降眾當爲此數，見頁 22 下。

屠屯何之子、右薁鞬日逐王、逢侯之叛漢最著。永元六年（94）至安帝元初五年（118）止，逢侯部眾降漢入塞甚多，漢仍處之於北邊諸郡、安定、北地等，逢侯降後則從之於潁川郡，恐其召引復叛之故。〔註15〕

順帝永和五年（140）南匈奴左部句龍王吾斯、車紐等叛，攻西河，並誘右賢王攻美稷，而後侵略并、涼、幽、冀四州，迫漢朝廷徙西河治所於離石（山西離石），上郡治所於夏陽，朔方治所於五原郡，於是匈奴部眾又往南移。至漢末時并州、河東一帶皆有匈奴部眾。〔註16〕

烏桓於武帝時即處於幽州五郡塞外，介於匈奴與漢兩大勢力之間，也同時受到來自這兩方面的壓力，但烏桓漸強後，對漢是「間數犯塞」〔註17〕，對匈奴是「發單于冢墓，以冒頓之怨」〔註18〕，可知烏桓恃強亦與雙方爲敵國。昭帝時匈奴與烏桓相戰，漢出兵攻匈奴未果，以「兵不空出」遂擊烏桓，於是烏桓復寇幽州。宣帝時烏桓稍保塞降附。王莽時迫烏桓屯於代郡失策，烏桓怨叛而附於匈奴，光武初年連兵寇邊，尤其代郡以東之地，烏桓居止近塞。建武二十二年（46），烏桓乘匈奴內亂而擊破之，漠南地空。光武以幣帛賄賂，烏桓親漢來朝，受封爲侯王君長者八十一人，並居之於塞內，遍布緣邊諸郡，令其招來族人，並給以衣食，目的在於爲漢偵候，助擊匈奴、鮮卑，又復置護烏桓校尉於上谷寧城（宣化西北）。烏桓受漢羈縻並往來互市，歷明、章、和三朝，其入塞居處於幽、并兩州沿邊的大部份，包括遼東屬國、遼西、右北平、漁陽、廣陽、上谷、代郡、雁門、太原、朔方等十個地區〔註19〕，可知除入塞居於山西、河北、綏遠、沿邊外，已有部分更南入山西中部。而在塞外仍有赤山烏桓之寇邊，爲遼東太守祭肜與鮮卑都護偏何所破滅，塞外烏桓或皆在鮮卑勢力之下。〔註20〕

〔註15〕參見〈南匈奴傳〉，頁22下～26上。

〔註16〕參見前註，頁27上～29上。

〔註17〕見《漢書》，〈匈奴傳上〉，頁32下～33上。

〔註18〕見《後漢書》，卷九十，〈烏桓鮮卑傳〉，頁3下。

〔註19〕以上烏桓與漢之關係，參見註17、18。烏桓入塞居處參見《三國志》，卷三十〈烏丸鮮卑東夷傳〉，裴松之注引《魏書》，頁3上。

〔註20〕參見《後漢書》，〈烏桓鮮卑傳〉，頁9上、下。時在明帝永元時，便稱：「時漁陽赤山烏桓欽（歆）志賁等，數寇上谷」，據《後漢書》，卷二十，〈祭肜傳〉，以赤山烏桓爲邊害，知其居塞外，當爲居漁陽塞外之赤山種烏桓，王先謙集解引惠棟所據王沈魏書，以欽（歆）志賁原臣屬鮮卑，叛鮮卑而寇邊，見頁10下。按裴松之引《魏書》同。《通鑑》胡三省注以歆志賁本赤山種而居漁陽塞外（臺北：世界書局，民國61年）第三冊，頁1432。

安帝以後烏桓叛服無常，時與匈奴、鮮卑聯合寇邊，有時是對漢廷之反抗。到靈帝初時，烏桓分為四部：難樓所統上谷部，有眾九千餘落，丘力居所統遼西部，有眾五千餘落，蘇僕延所統遼東部，有眾千餘落，烏延所統右北平部，有眾八百餘落，皆自稱王，共約一萬六千落，在邊區形成龐大勢力。靈帝中平四年（187）曾任中山太守的張純叛入烏桓，領烏桓四部寇擾青、徐、幽、冀四州。亂平後又有遼西部蹋頓興起，總攝三部。袁紹結蹋頓敗公孫瓚，及袁紹為曹操所敗，紹子尙、熙等投奔蹋頓，同時有幽、冀吏民二十餘萬戶亦投奔之，袁尙有依靠烏桓兵力以圖中國之意。建安十二年（207），曹操親征烏桓，殺蹋頓，烏桓其得勢力亦為遼東太守公孫康所滅，部眾皆徙居中國之內〔註 21〕。入居塞內烏桓族人，雖然都在其侯王大人領導下種居生活，卻經常從事於中國內部的戰爭，所謂「三郡烏丸為天下名騎」。〔註 22〕

烏桓在北疆不若匈奴、鮮卑較能維持其獨立發展的前景，在塞內種居或征伐都逐漸消融於漢民族之中，留居塞外者，也都為鮮卑所征服。

元狩四年（前 119）烏桓遷徙近塞，鮮卑即塡補入烏桓之舊地，其時尙臣服於匈奴勢下，故常與匈奴寇抄北邊。光武帝時南北匈奴分裂，鮮卑始與漢廷正式交通。據《後漢書‧鮮卑傳》中所記載，建武三十年（54）鮮卑大人於仇賁、滿頭等率眾內屬，受封為王，並助漢攻破赤山烏桓。永平元年（58），鮮卑各部大人皆來附漢，包括由敦煌、酒泉以東各部，漢廷年費二億七千萬來「收買」鮮卑，故而歷明、章二世皆「保塞無事」〔註 23〕。和帝時北匈奴敗走，鮮卑乘機佔有其地，而具收併餘留下來的匈奴部眾十餘萬落，鮮卑從此轉盛。〔註 24〕

在桓帝以前鮮卑對漢廷叛服無常，而布列北疆塞內外的烏桓、南匈奴等也與之有爭戰關係。遼東、遼西、代郡等部鮮卑寇邊最烈，所侵略之地有遼東、右北平、漁陽、遼西、代、上谷、雲中、雁門、定襄、五原、太原、玄菟、朔方等地，正是「或降或叛，與匈奴、烏桓更相攻擊」〔註 25〕，北疆實

〔註 21〕以上參見《後漢書》，卷九十，〈烏桓鮮卑傳〉，頁 8 上。

〔註 22〕參見《三國志》，卷三十，〈烏丸鮮卑東夷傳〉，頁 5 上。

〔註 23〕以上參見前註，裴松之引《魏書》，頁 6 下～7 下，以及《後漢書》，〈烏桓鮮卑傳〉，頁 9 下～10 下。

〔註 24〕見前註，《後漢書》云：「匈奴餘種留者尚有十餘萬落，皆自號鮮卑」。

〔註 25〕見《後漢書》，〈烏桓鮮卑傳〉，頁 10 下～11 上。

在擾攘不安。

桓帝時檀石槐興起，立庭於彈汗山（熱河商都附近），東、西部鮮卑皆來歸順，他成爲鮮卑部族聯盟之領袖，「北拒丁零，東卻夫餘，西擊烏孫，盡據匈奴故地，東西萬四千餘里」〔註 26〕。檀石槐仍然寇邊不已，緣邊九郡都遭殘破，雖然漢廷驅擊之出塞外，同時以封王、和親來結納，但檀石槐不肯受，仍侵略邊地，並將新組成的聯盟分爲三大部：東部從右北平以東至遼東，接夫餘、濊貊三十餘邑，中部從右北平以西至上谷十餘邑，西部從上谷以西至敦煌、接烏孫二十餘邑，三部都有大人統領。〔註 27〕

靈帝時，鮮卑聯盟年年侵略幽、并、涼三州邊郡，漢廷曾將兵出擊，大敗而還。但檀石槐死後，新興的聯盟勢力也就瓦解，鮮卑各部大人自相世襲，也內爭不止。

在漢之西方與西南方又有羌、氐兩民族。本文所論在於北疆方面，但爲了對於漢末魏晉時期各族的分布有一相應的了解，在此也一併作簡要的敘述。

羌人部族繁多，史稱自先秦以後發展成一百五十種，其中九種在賜支河首（青海東南河曲）以西與蜀漢以北，部眾不詳。參狼種在武都（武都羌，甘肅西南端）有勝兵數千。有五十二種較弱小部族分散自立，或者附屬於其他部族，或者被消滅、遠走而不知所終。另外八十九種中以鐘羌最強，有兵十餘萬，戶九千餘，在隴西臨洮之地，其餘各族大者萬餘人，小者數千人。大約在東漢順帝時，羌人勝兵可達二十萬左右〔註 28〕，也是西邊的一大威脅。

羌人部族雖多，但並未組成如匈奴、鮮卑等的部族聯盟，然兩漢以來侵略邊地不斷，又逐漸東進近塞，而入居邊郡者亦不在少數。前文曾提及宣帝時已有羌人來降，特置金城屬國以處之。西漢時羌人勢力未強，復經趙充國、馮奉世之討伐，終西漢之世緣邊無事。東漢初，涼州已有降羌與漢人雜居，而後隴西太守馬援擊敗先零羌，將降眾徙入天水、隴西、扶風三郡。明帝永平元年（58），竇固、馬武等破燒當羌，徙降眾七千於三輔之關中地區。和帝

〔註 26〕見前註，頁 14 上、下。裴松之注引《魏書》說：「東西萬二千餘里，南北七千餘里」，見《三國志》，卷三十，頁 6 上。

〔註 27〕參見《後漢書》，〈烏桓鮮卑傳〉，頁 15 上。

〔註 28〕以上參見《後漢書》，卷八十七，〈西羌傳〉，頁 38 上、下。又卷五，〈安帝紀〉所云種羌即鐘羌，並參見引《續漢書》所云，見永初二年，頁 6 上。

永元十三年（101）漢兵又破燒當羌，徙降眾六千餘口於漢陽、隴西、安定等郡。安帝永初元年（107）內附諸羌開始大規模叛亂，史稱「東犯趙、魏，南入益州，殺漢中太守董炳，遂寇鈔三輔，斷隴道、湟中……」。〔註29〕

羌人雖有叛亂與寇邊，但終東漢之世歸降與內附者亦不在少數，除上述可知降附入居者之外，其餘在廣漢、蜀郡塞外而內屬者，至少應有六十萬人以上〔註30〕。廣漢、蜀郡皆屬益州，在益州之外，又有東、西羌等，居於安定、北地、上郡、西沙者爲東羌，居隴西、漢陽、及金城塞外者爲西羌〔註31〕，其叛降無常，內屬人口暫難考察。不過有史書所載一些資料可供參考，自順帝永和元年（136）東西羌叛，至桓帝建和二年（148）十餘年間，羌人降者較多的有漢安二年（143）三萬餘戶，永嘉元年（145）的五萬餘戶，建和二年的二十萬人等。〔註32〕

氐族自漢武帝開益州置武都郡，而後其族人分散，或在上祿（甘肅成縣西南），或在汧隴（陝西隴縣附近二山）之間，其號爲青氐、白氐、蚺氐等〔註33〕。蜀郡北部所立之汶山郡亦有六夷、七羌、九氐各部，冉夷當即氐人部族〔註34〕。元封三年（前108），氐人叛亂，漢廷擊敗之後，曾徙部份氐人於酒泉、敦煌等郡。〔註35〕

東漢末以前氐人叛服無常，但爲患不大。建安年間，有白頃氐楊千萬、興國氐阿貴最強，各有部落萬餘，從「甚得羌、胡心，西州畏之」的馬超爲亂〔註36〕，後爲夏侯淵所破。就曹操所派漢軍攻破之諸氐部落，約略可知其

〔註29〕見前註，〈西羌傳〉，頁22上、下。

〔註30〕見前註，〈西羌傳〉，頁38下、39上。

〔註31〕見前註，王先謙集解《後漢書》本，引《通鑑》胡註，頁21上。《通鑑》見卷五十二，〈漢紀四十四〉，順帝永和六年，頁1689。

〔註32〕參見註28，頁35下～36下。

〔註33〕參見《三國志》，卷三十，〈魏志〉、注引〈魏略西戎傳〉，頁31上。

〔註34〕參見《後漢書》，卷八十六〈西南夷傳〉，頁34下。又見王先謙集解引《華陽國志》，有九種之戎皆在汶山郡。《華陽國志》見卷三，〈蜀志〉（臺北：世界書局，民國56年），頁17上。又卷二，〈漢中志〉，以武都郡有氐傁常依其險勢地形而叛，見頁9上。此即後漢書西南夷傳所言在武都郡之白馬氐，見頁23。

〔註35〕參見註34，唯《後漢書》以分氐人徙於酒泉，《華陽國志》則多出敦煌之地。

〔註36〕參見《三國志》，卷二十五〈楊阜傳〉，頁7上。卷九〈夏侯淵傳〉，頁5上、下。前註引〈魏略西戎傳〉等。自頃氐王陽氐據仇池（甘肅成縣西北）事，可參見《後漢書西南夷傳》，以及《三國志》二十三上，武都道條，頁32下。《通鑑》與胡注以氐王楊千萬應馬超，屯興國城，而後胡注又引〈魏略〉

時之地望，多陝、甘相界一帶，漢中、武都、隴西等郡，而後又曾徙武都郡氐人五萬餘落出居扶風（郡治在陝西三原西南）、天水（郡治在甘肅天水）〔註 37〕，關中京兆地區與略陽（甘肅秦安東南）亦有〔註 38〕。漢末時氐族之分布大抵如此。

兩漢以來外族之入居是隨歷史之發展未曾中斷，尤其到東漢以後，「用夷」論盛行，外族有更多的機會附塞入居，其入居之氐族當不止上文所述而已，上文所舉在於史書明文率部眾來者爲主，其餘如史稱某時某人來降、封侯，或慕義來歸等，則多不在本文述論之內，近人對兩漢至五代這一長時期入居之氐族已有研究，不需再述。〔註 39〕

魏晉時期入居內地的匈奴，據《晉書・匈奴傳》所傳，其分布地區與漢末相當，建安二十一年（216）曹操分其部眾爲五，皆居於并州境內，左部萬餘落居於太原故茲氏縣（山西汾陽），右部有六千餘落，居於祁縣（山西祁縣），南部三千餘落居於蒲子縣（山西隰縣），北部四千餘落居於新興縣（山西忻縣），中部四千餘落居於大陵縣（山西久水東北）〔註 40〕。并州內地五部共近三萬落，分布於山西汾水流域，介於常山、上黨、河東、河西、雁門等郡之中。魏正始元年（240），涼州休屠胡梁元碧領二千家來附，居於安定郡之高平〔註 41〕，地在甘肅東南。

晉初武帝時，塞外匈奴大水塞泥、黑難等二萬餘落來歸，武帝使其居於河西故宜陽城下，而後又與漢族雜居，其分布地區包括平陽（屬於司州，治所在平陽，山西臨汾）、西河（并州內之國，治所隰城，在山西汾陽）、太原（并州內之國，治所爲晉陽，在山西晉陽）、新興（治所爲九原，在山西忻縣）、上黨（治所爲潞，在山西潞城）、樂平（治所爲沾，在山西和順）等地。〔註 42〕

分興國氐、百頃氐其從馬超之亂，見卷六十六，頁 2122，卷六十七，頁 2125。蓋前條所記係從《三國志》，卷一，〈魏武紀〉，建安十八年，見頁 38 上。

〔註 37〕參見《三國志》，卷十五，〈張既傳〉，頁 11 上。

〔註 38〕參見註 36，〈楊阜傳〉，頁 10 下。前揭《華陽國志》，頁 9 下。

〔註 39〕參見蘇慶彬，《兩漢迄五代入居中國之蕃人氏族研究》（香港：新亞研究所，民國 56 年）。

〔註 40〕參見《晉書》，卷九十七，〈北狄匈奴傳〉，頁 11 上。

〔註 41〕參見《三國志》，卷二十六，〈郭淮傳〉，頁 17 下。

〔註 42〕參見註 40，頁 11 上。原文作「平陽……諸郡」，其中有國者，並今地之地名

武帝咸寧三年（277），有西北雜虜、鮮卑、匈奴、五溪蠻夷、東夷三國等，前後千餘輩，各帥部眾內附〔註 43〕，其中有部份爲塞外匈奴，但居處地區不詳。五年來內附的匈奴又有兩批，一爲都督拔奕虛，率部落來附，一爲餘渠都督獨雍等率部眾來附〔註 44〕，這些率部來降的匈奴領袖都有都督之號，應該是建安時分立五部之際，所受的漢制官號，魏晉因之。晉武帝泰始七年劉猛叛出塞，後爲左部督李恪所殺〔註 45〕，此左部督或即匈奴左部帥之下的都督，與拔奕虛、獨雍等都督相同，此二人應原爲塞內居住受魏晉官制者，或隨劉猛叛出塞，而後再度降附。

太康五年（284），塞外匈奴太阿厚領部眾二萬九千三百人來附，被置於塞內西河〔註 46〕。七年又有匈奴都大博及萎莎種匈奴等，各率部眾十萬餘口，向雍州刺史扶風王司馬駿降附。明年，匈奴都督大豆得一育鞠等，率部眾一萬一千五百口，牛羊車廬等一并來附。後兩批來附的部眾，史無明言處置的居所，大概總結西晉以前內附入居的匈奴部族有十九種之多〔註 47〕。太康八年育鞠內附，二年後劉淵領有南匈奴五部而爲大都督，十六年後被推爲單于，二十年後即皇帝位，不久西晉淪亡。

晉時匈奴的居所主要在并州與司州的北部，其對晉室的威脅，正如侍御史郭欽所說：

> 西北諸郡皆爲戎居，今雖服從，若百年之後，有風塵之警，胡騎自平陽、上黨，不三日而至孟津；北地、西河、太原、馮翊、安定、上郡，盡爲狄庭矣！〔註 48〕

此說甚爲正確，南匈奴近居內地，戶口蕃殖，新降者不斷，晉之北疆全在此隱憂之下，距郭欽所期百年尚不及半，北疆已動盪無寧日了。

匈奴內徙，鮮卑據有匈奴舊地，上文已言及檀石槐聯盟之勢力，塞外東北沿邊西至涼州全爲鮮卑所據，《魏書》中記其拓跋氏之先成皇帝毛立時「統

係參考程發軔，〈中國歷史地理兩晉篇〉，《中國歷史地理》（二）（臺北：中華大典編印會，民國 57 年三版），頁 10、14。

〔註 43〕參見《晉書》，卷三，〈武帝紀〉，頁 10 上。

〔註 44〕同註 43，頁 10 下～11 上。

〔註 45〕參見註 40，頁 11 上。

〔註 46〕參見註 40，頁 39 上，〈武帝紀〉未紀此條。〈匈奴傳〉中未說明晉朝廷處置之情形，《通鑑》記武帝處之於塞內西河，見卷八十一，頁 11 下。

〔註 47〕參見註 40，頁 12 上。

〔註 48〕見註 40，頁 11 上。

國三十六，大姓九十九」〔註 49〕，應該是指檀石槐所領導的鮮卑聯盟而言，而非拓跋氏之毛立，拓跋氏建國後，追溯舊史，奪檀石槐之盛況爲其先世之功業，衡諸當時史實宜可明白，大約在拓跋力微（神元皇帝）前之史，多有可疑之處。〔註 50〕

檀石槐死後，鮮卑勢力並未擴展，至步度根時與漢廷通好，當時正值曹操大破烏桓、定幽州之際。由於鮮卑內部的衝突，步度根與軻比能互相爭戰，魏初時軻比能勢力漸強，控弦十餘萬，往來於上谷、代郡，步度根則依附於魏，入居太原，雁門郡有萬餘落。青龍元年（233），軻比能誘以和親，使步度根叛魏，共同攻略并州，結果部份鮮卑人在泄歸泥領導下仍附於魏，入居并州如故，步度根爲軻比能所害，不久，幽州刺史王雄派人刺殺了軻比能。

檀石槐後鮮卑三部是分別發展之中，步度根是東部貴族之一，其餘還有幾支氏族，分布在遼西、右北平、漁陽塞外，史稱「道遠初不爲邊患，然其種多於（軻）比能」〔註 51〕，這些氏族多與漢魏通好。

鮮卑人就後來歷史的發展看，有漸往東移再南下的形勢。從軻比能時期活動的範圍和勢力看，可能他大體上領導了聯盟的東部和中部，以後的發展雖不在統一的領導下進行，但就整個鮮卑人來看，勢力仍在擴張之中。原來檀石槐時代東部鮮卑中有宇文部，是漢和帝時北匈奴遠走，餘留的十餘萬落，往遼東與鮮卑雜處，宇文匈奴成爲這雜處集團的統治階層，「皆自號鮮卑」〔註 52〕。其居地在紫蒙川（遼寧朝陽西北）一帶，後爲前燕慕容皝所攻併。

遼西鮮卑自徙河（遼寧錦縣西北）段部，居在幽州北境，遼水、漁陽一帶，爲東部鮮卑中較強者，時或與宇文、慕容相爭，又界入中國內地的戰亂。慕容部原爲聯盟的中部大人，魏初往東至遼西，建國於棘城（遼寧義縣北方）。而後又往東移，到遼東之北，太康十年（289），向西遷往徒河（大淩河北源圖爾根河）的青山，終再回到棘城。這支慕容部在十六國時期，先後建立了前、後、西、南四個燕國。段、宇文、慕容三個東部鮮卑族，皆在遼西與幽州北部活動。

〔註 49〕見《魏書》，卷一，〈序紀〉，頁 1 下。

〔註 50〕參見王吉林，〈元魏建國前的拓跋氏〉，《史學彙刊》，第八期（臺北：中國文化大學，民國 66 年），頁 67～70。

〔註 51〕見註 19，《三國志》，頁 9 下。

〔註 52〕參見註 23。

原來聯盟的西部大人拓跋氏，也逐漸往東移，臨幽、并二州之北，反而發展成居中的位置。從力微以後漸成爲北疆的強大勢力，至曹魏時已控弦士馬二十餘萬，又組成了一個中部鮮卑的聯盟。當晉惠帝之時，聯盟的三部雄踞河北、山西綏遠之北邊，東漢時的雲中、五原、朔方、定襄、代郡等皆爲其勢力範圍，西晉末年，三部統一，更成爲并州方面所倚靠的外援，拓跋猗盧受封爲大單于、代公，勢力又進入山西北部。

西部鮮卑有兩支，一爲河西禿髮部，後來在青海東部、河西走廊一帶建立南涼，一爲隴西乞伏部，後來在該地建立西秦。

綜上所述，鮮卑各部直據有漢時匈奴之地，對魏晉形成自東北到隴西的包圍，但晉惠帝以前尚能粗安，一則以撫討有功暫可安邊，二則以各部相互衝突，不能統一之故。

第二節　胡族與內外動亂

以前述建安時期的五部匈奴計，近三萬落人口當有三十萬上下〔註53〕。晉初陸續入塞者，約略合計達三、四十萬人，則五胡亂華前夕，居塞內之匈奴族應有六、七十萬眾之多，江統「從戎論」中說：「今五部之眾，戶至數萬，人口之盛過於西戎」〔註54〕，所言不虛。

鮮卑檀石槐聯盟時，當漢桓、靈之際，已有控弦之士十萬，此當爲其常備兵之數。魏初步度根內屬入居，人口達十餘萬左右，與之對立的別部鮮卑軻比能，有「控弦十餘萬騎」，然其勢「猶未能及檀石槐也」〔註55〕，是指未能組成聯盟之盛勢而言。前文已言及東部鮮卑在塞外尚有其他部族，「其種多於比能」。慕容鮮卑盛時有控弦之士二十餘萬〔註56〕。宇文部當莫槐強時自稱單于，「塞外諸部咸畏之」，與慕容部爭戰最烈，時爲西晉末年，到東晉穆帝永和元年（345，拓跋代王什翼犍建國八年）時爲慕容晃所併滅，史稱「徙其部眾五千餘落於昌黎」〔註57〕，可知其部眾當在五萬人左右。遼西段部在西

〔註53〕以後漢書南匈奴傳所載，和帝永元時得户三萬四，口二十三萬七千餘，每户人口當在七人左右，見註14。如以羌人爲例證，在後漢書中載鐘羌之户有九千餘，兵則達十餘萬，每户超過十人，見註28。

〔註54〕見《晉書》，卷五十六，〈江統傳〉，頁3下。

〔註55〕見《三國志》，卷三十，〈烏丸鮮卑東夷傳〉，頁9下。

〔註56〕參見《晉書》，卷一〇八，〈慕容廆傳〉，頁3下。

〔註57〕參見《魏書》，卷一〇三，〈匈奴宇文莫槐傳〉，頁22下～23下。

晉宋時統有三萬戶，控弦士馬四、五萬，頗爲幽、并州方面深爲結納的對象，史稱其圍攻石勒，可發動五萬騎之兵力。〔註58〕

在隴西方面的乞伏部，當晉初時由佑鄰所領五千戶起迹，活動於寧夏南部的夏緣之地，後與鹿結所領別部鮮卑相攻，鹿結有七萬餘落，佑鄰擊敗鹿結，併有其地高平川（清水河）及其部眾。後世陸續擴展，當西晉末年時又收服五萬餘落〔註59〕，總計其人口當在百萬之眾；恐怕嫌多。河西鮮卑禿髮部於晉初頗強，武帝特爲之新立秦州，但禿髮部在樹機能領導下寇邊不止，史載咸寧三年（277）大破樹機能，有降者二十萬口〔註60〕，當知其部眾不在少數。

鐵弗匈奴出於南匈奴，晉末時劉虎爲領袖，居地在新興郡慮虒縣（山西五臺北方），以「眾落稍多，舉兵外叛」，并州刺史劉琨得拓跋猗盧之助擊討之，劉虎乃退據朔方。當時正王彌、劉聰攻上黨之時，「烏丸、劉虎構爲變逆，西招白部（鮮卑），遣使致任，稱臣於淵」〔註61〕，各部乘劉淵起兵，相構爲亂，於此最可明白。

拓跋鮮卑前已述及，魏時組成的中部聯盟有兵二十餘萬。晉惠帝初，祿官爲拓跋部領袖，分國爲三，一在上谷之北、濡源（灤河之源）之西，東接宇文部，由祿官自行統領，一部居代郡參合陂（山西大同東南）北，由猗㐌統領，一部居定襄之盛樂（和林格爾北）故城，由猗盧統領，三部共有控弦之士四十餘萬，後猗盧統一三部，又遷入三萬戶於陘北五縣〔註62〕，爲晉室北疆之盛國。

西方與西南之氐羌不在本文所論之範圍，但爲相應了解晉時周邊各族之勢力，僅在此一述其分布大要：在四川渠縣（宕渠）首先建立割據勢力者爲氐人李特，惠帝元康年間有氐人齊萬年反，關西六郡流人入蜀，李特受擁護爲主，大安元年（前302）李特自稱益州牧，而後李氏家族據有其地，是所謂

〔註58〕參見前註，頁24下、25上。

〔註59〕參見《晉書》，卷一二五，〈乞伏國仁傳〉，頁1上～1下。

〔註60〕參見《晉書》，卷一二六，〈禿髮烏孤傳〉，頁1上。另見《通鑑》，卷八十，頁2546。

〔註61〕劉虎事參見《魏書》，卷一，〈序紀〉，頁9上。以及卷九十五，〈鐵弗劉虎傳〉，頁18下。《晉書》，卷一三〇，〈赫連勃勃傳〉，頁1上。另見《通鑑》，卷八十七，頁2744。

〔註62〕參見劉琨，〈與丞相牋〉，《全晉文》，卷一〇八（嚴可均校輯，《全上古三代秦漢三國六朝文》，臺北：中文出版社），頁7下。

成漢〔註 63〕。甘肅仇池（成縣西）有楊千萬，魏拜爲百頃氐王，晉武帝時以其孫飛龍爲平西將軍，惠帝元康年間，飛龍以外甥令狐茂搜繼爲子，自號爲右賢王，氐人擁爲國主，關中流亡人士皆往依附漸有漢時武都郡之地，愍帝以爲驃騎將軍左賢王，此無異承認其割據勢力〔註 64〕。漢末已有氐人入居陝、甘之地，魏文帝黃初元年，武都氐王楊僕率部眾內屬，居之於漢陽郡（東漢郡名，魏後改立爲天水郡），正始元年（前 240）遷氐人三千餘落以實關中〔註 65〕。晉時氐人大體處居於秦隴地帶，從南安往東，天水、扶風、始平、京兆諸郡的一綠，都是其分布之所，其總人數暫難考察。

羌族居地大體沿漢之舊，魏時散居涼、雍兩州，以及蜀之西北汶山郡一帶，故而魏蜀相爭之際，雙方都極注重羌族之動向，如正始八年（247），隴西、南安、金城、西平諸羌的動亂，就是最好的說明。〔註 66〕

烏桓自被曹操破滅後，散居中國內地，不再有集結的固定勢力，如前文所述，不過漢末時烏桓的部眾，大約在十餘萬左右。

五胡亂華之前胡族的入居情形如上所述，在塞外的各民族移動也可見其概要，各族勢力之分布與部眾頗爲可觀，他們在中國內地與邊郡內外的變亂，幾乎成爲漢末以下的常態。塞外的變亂固與民族之發展有關，但在漢末魏晉時期又往往與內地的政局相應，內地之變亂則直接與政局動盪及民族政策（或者是行政措施）有密切關連。

東漢自靈帝時政局大壞，外族的變亂也相繼而起。范曄幾乎把靈帝喻爲秦二世之受蒙蔽，透過史書上的評論可以知道當時的大概：

> ……於是爵服橫流；官以賄成；自公侯卿士降於皀隸，遷官襲級無不以貨。刑戮無辜，摧仆忠賢，佞諛在側，直言不聞；是以賢智退而窮處，忠良擯於下位，遂至姦邪蠭起，法防墮壞，夷狄並侵，盜賊糜沸；小者吞城邑，大者連州郡。編户擾動，人人思亂；當斯之時已無天子矣！〔註 67〕

文中說「夷狄並侵，盜賊糜沸」，確實是靈帝一朝的特色，就史所載，靈帝在位二十二年，沒有一年不生變亂，其中以北疆變亂最多，又以鮮卑爲最烈，

〔註 63〕參見《晉書》，卷一二〇，〈李特傳〉、卷一二一，〈李雄傳〉。
〔註 64〕參見《魏書》，卷一〇一，〈氐傳〉，頁 1 下。
〔註 65〕參見註 41。
〔註 66〕參見註 41。
〔註 67〕見《後漢書》，卷八，〈靈帝紀〉，頁 23 下。

其次爲匈奴，靠西北爲羌亂，西南爲板楯蠻，東北有張純的胡（鮮卑）漢聯合之叛，與韓遂結合羌胡之亂相似，內地則以黃巾賊之亂爲著〔註68〕，總之，十之八九都有胡族在內。

獻帝以後內外局勢更形惡化，在此就不需多述了。中國本身正值多事之秋，胡、漢在內地皆有變亂，塞外民族的擴張也不斷地進行，各族彼此間有競爭，其內部也迭起衝突。漢族內部的問題實在是主導的因素，所謂「天厭

〔註68〕茲據〈靈帝本紀〉，補以《通鑑》，作簡表如下：

年號	年數	變　亂　事　件
建寧	元	鮮卑、濊貊寇幽、并二州。
	二	江夏蠻，丹陽山越賊，鮮卑寇并州。
	三	濟南賊。
	四	鮮卑寇并州。
熹平	元	會稽許生稱越王，鮮卑寇并州。
	二	鮮卑寇幽、并二州。
	三	許生之亂，鮮卑寇北地、并州。
	四	鮮卑寇幽州。
	五	益州夷叛，鮮卑寇幽州。
	六	鮮卑寇三邊、遼西。
光和	元	交阯烏滸蠻叛，鮮卑寇酒泉。
	二	巴郡板楯蠻叛，鮮卑寇幽、并二州。
	三	江夏蠻叛。
	四	討烏滸蠻，鮮卑寇幽、并二州。
	五	召降板循蠻。
	六	張角之亂（通鑑卷五十八）。
中平	元	黃巾賊，巴郡妖巫張修反，湟中先零羌叛。交阯民變（通鑑卷五十八）。
	二	黑山賊，先零羌、鮮卑寇幽、并。
	三	江夏兵反、武陵蠻叛、鮮卑寇幽、并二州。
	四	滎陽賊，金城賊韓遂，馬騰、王國並叛，張純、張舉叛，零陵觀鵠反，休屠各胡叛。
	五	休屠各胡寇西河，白波賊郭太，益州黃巾賊，南單于叛，青徐黃巾復起，涼州賊王國，巴郡板循蠻叛，公孫瓚破張純。
	六	皇甫嵩破王國，劉虞斬張純。董卓廢靈帝爲弘農王。

漢德久矣！」〔註69〕應是可以理解的。

兩漢最大的威脅是來自北疆的匈奴，當這問題逐漸解除之後，接著來的是維持所獲得的局面，其中不可避免地要面對內附的匈奴，尤其當北匈奴威脅尚未消除時，以及防備塞外其他新構成的勢力，政策上是值得審慎考慮的。西漢時就開始接受匈奴與烏桓的內附，東漢初南匈奴的整個內附，可以說是當時漢朝廷對北疆經營最大的成就。漢廷的政策是要南匈奴「令東扞鮮卑、北拒匈奴，率厲四夷，完復邊郡，使塞下無晏開之警，萬世有安寧之策也」〔註70〕，接著烏桓、鮮卑也「保塞自守」，如此，漢廷以外族爲國防外圍防線的計畫，得以初步的實現，這種計畫也就是西漢時的「用夷論」的實現。

既採行「用夷論」，其中就有以夷攻夷的計畫（詳見前章），東漢以後運用夷兵的趨勢更形顯著。原來外族內部組織疏鬆，各族間本無強的連繫關係，且彼此間常有舊怨存在，這些可說是外族本身之弱點，漢族較易於利用。東漢大量用胡夷之兵，主要是因其兵制上有所缺點，加上邊郡人口之內流，以及關西關東之爭和儒家政治之結果，而大量胡族的入居，也造成可資運用的形勢〔註 71〕。事實上如前面所述胡族的入居情形來看，他們大批的投入中國內地，在形勢上已經是內而不外，成爲中國構成的一分子。不論是在國防上的考慮，或者在社會、經濟上長期的關係來看，恐怕已不易截然分別成內外兩種關係了，即使在觀念上仍有夷夏之別，但卻是勢力之所趨，無法趨避；詳容後文再論。漢末以後的政局動盪，內地戰亂不止，胡族同於漢族，不可能置身於外，而爭強者運用夷兵以制敵，則庶幾不可免。

漢末魏晉用夷兵投入爭戰的記錄甚多，今舉實例以明之，同時也可看到胡族參與中國的內亂情形。董卓專權時期，史稱其勢力之下有并、涼、匈奴、屠各、湟中、義從、八種西羌等〔註 72〕，故而蔡文姬的悲憤詩中有「平土人脆弱，來兵皆胡羌」之句。〔註73〕

〔註69〕見《後漢書》，卷九，〈獻帝紀〉，范曄論曰，頁 19 上。

〔註70〕見《後漢書》，卷十九，〈耿國傳〉，頁 15 下。

〔註71〕參看邢義田，〈東漢的胡兵〉，《政治大學學報》，第二十八期（臺北：政治大學，民國 62 年 12 月），頁 143～160。何茲全，〈魏晉南朝兵制〉，《史語所集刊》，第十六本（臺北：中研院史語所，民國 60 年再版），頁 229～271。

〔註72〕參見《三國志》，卷十六，〈鄭渾傳〉，裴松之注引張璠《漢紀》，頁 22 上。

〔註73〕見《後漢書》，卷八十四，〈董祀妻傳〉，頁 23 上，此詩或建安時人所僞託。

袁紹初起兵時說：「吾南據河，北阻燕代，兼戎狄之眾，……」〔註 74〕，當袁紹兼據河北時，「乃撫有三郡烏丸，寵其名王而收其精騎」〔註 75〕。袁紹收撫烏桓的手腕正是當時用夷兵者的共同方式，三郡烏丸的大量投入內戰，前文已述及，他們不只是袁氏所爭取的對象，同時也是各方所籠絡的對象。袁氏陣營中還有袁尚所用的匈奴，袁譚所用的屠各匈奴等〔註 76〕。胡漢兼具的軍容，是那一時期爭雄的特色。

曹操在建安二十二年（217）拔漢中後，曾留烏丸王魯昔屯於池陽，其目的是用以防備盧水胡〔註 77〕，他又曾徙武都氐人五萬餘落，用以強國弱寇（蜀）〔註 78〕。實則曹魏的軍中收有各族部眾，所謂「率匈奴暨單于，烏桓、鮮卑，引弓之類」〔註 79〕；他的勢力之中雜有大量的胡族。

韓遂在湟中頗得羌人之心，故羌胡多在其軍中〔註 80〕。同樣的例子還有馬超，攻則引諸戎渠帥，退則走保諸戎〔註 81〕。靈帝中平年間張純的叛亂，即是誘遼西烏桓共同起事的，而靈帝也命南匈奴發兵配合劉虞征討之〔註 82〕。魏黃初時，蘇衡、麴光等的變亂，參與者有羌、丁零胡等萬餘騎〔註 83〕。漢末董卓亂後，李傕軍中有大批受其利誘的羌胡，使靈帝倍感不安，對其臣下說「今羌胡滿路，宜思方略」，結果許以封賞，羌胡始引去〔註 84〕；但不久楊奉、董成勾結白波賊以及匈奴左賢王去卑來攻李傕〔註 85〕，雙方都動用了胡族。

獻帝初平年間，袁術爲劉表所逼，引兵屯陳留郡之封丘，時有黑山別部

〔註 74〕見《三國志》，卷一，〈武帝紀〉，頁 22 下、23 上。
〔註 75〕見《三國志》，卷三十，〈烏丸鮮卑東夷傳〉，序文，頁 1 下。
〔註 76〕袁譚用屠各兵，參見《三國志》，卷六，〈袁紹傳〉，裴松之注引《漢晉春秋》，頁 28 下。袁尚用匈奴兵見卷十三，〈鍾繇傳〉，裴松之注引司馬彪《戰略》，頁 3 上。
〔註 77〕參見《三國志》，卷十五，〈梁習傳〉，裴松之注引《魏略》，頁 8 上。
〔註 78〕參見註 37，並見註 54。
〔註 79〕參見《全三國文》，卷十九，〈曹植〉，「大饗碑」序，頁 1 上。又卷二十八，衛覬文中亦載，頁 10 下。
〔註 80〕參見《三國志》，卷九，〈夏侯淵傳〉，頁 5 上。卷十五，〈張既傳〉，裴松之注引《典略》，頁 13 下。
〔註 81〕參見註 36，〈楊阜傳〉。
〔註 82〕《後漢書》，卷八十九，〈南匈奴傳〉，頁 32 下。
〔註 83〕參見註 37，頁 14 下、15 上。
〔註 84〕參見《通鑑》，卷六十一，獻帝興平二年，頁 1964。
〔註 85〕參見《後漢書》，卷九，〈獻帝紀〉，頁 10 下。

以及南匈奴單于於扶羅來附〔註 86〕；南匈奴近在內地，極易受招而參與內亂。靠北疆的勢力尚有烏桓、鮮卑，《三國志・牽招傳》中記載袁紹、曹操、及遼東太守公孫康等爭取烏桓峭王的經過，同時也說明了在遼東佔地利的公孫康，還有控扶餘、濊貊各族的勢力〔註 87〕，而後其子淵在魏初雄踞一方，自立爲燕王，誘引鮮卑，假之爲單于，以侵擾北方〔註 88〕。這情形與漢末公孫瓚一樣，他的勢力也就近而有烏丸、濊貊、東、西鮮卑等〔註 89〕。當公孫瓚殺害劉虞後，劉虞舊部共推閻柔領兵復仇，閻柔招誘烏丸、鮮卑等組成胡漢數萬混合的部隊〔註 90〕，當曹操平河北，閻柔即率所領烏丸、鮮卑歸附之，又領軻比能鮮卑三千騎攻破田銀等〔註 91〕。靈帝說「羌胡滿路」，往後則每下愈況了。

鄧艾伐蜀，曾募取涼州兵馬，羌胡健兒五千餘人〔註 92〕。不獨如此，伐吳的晉軍中有以勇健出名的匈奴綦毋氏參加，其騎都綦毋俔邪還因功遷赤沙都尉〔註 93〕。晉室乃承漢魏以來用夷兵的方法，武帝曾下詔徵西方羌胡用爲征戰〔註 94〕，可知用夷兵還是中央朝廷的政策。

漢末動亂，各地群雄幾不免用夷兵，蜀漢劉備亦不例外，史稱「時先主自有兵千餘人，及幽州烏桓雜胡騎」〔註 95〕。蜀將姜維與魏將郭淮等交戰，蜀軍中有羌胡組成的質子軍〔註 96〕，而史稱姜維「欲誘諸羌胡以爲羽翼，謂自隴以西可斷而有也」〔註 97〕。和他敵對的郭淮也是擁有羌胡渠帥數千的將領〔註 98〕。諸葛亮與鮮卑軻比能相交通，遣使聯結，軻比能到故北地郡，和諸葛亮相首尾〔註 99〕。當諸葛亮出屯漢中之際，蜀後主劉禪的詔書中有：「涼

〔註 86〕參見《通鑑》，卷六十，獻帝初平四年，頁 1942。
〔註 87〕參見卷二十六，頁 11 下～12 下。
〔註 88〕參見《三國志》，卷八，〈公孫度傳〉，頁 17 下。
〔註 89〕參見前註，〈公孫瓚傳〉，裴松之注引《漢晉春秋》，頁 7 上。
〔註 90〕參見〈公孫瓚傳〉，頁 5 下。
〔註 91〕參見《三國志》，〈烏丸鮮卑東夷傳〉，頁 4 下、8 下。
〔註 92〕參見《晉書》，卷四十八，〈段灼傳〉，頁 3 下。
〔註 93〕參見註 40，頁 12 上。
〔註 94〕參見註 92，頁 5 下。
〔註 95〕見《三國志》，卷三十二，〈蜀先主傳〉，頁 2 下。
〔註 96〕參見《通鑑》，卷七十五，頁 2383。另見《晉書》，卷二，〈景帝紀〉，頁 7 下。
〔註 97〕見《三國志》，卷四十四，〈羌維傳〉，頁 8 下。
〔註 98〕參見《三國志》，卷二十六，〈郭淮傳〉，裴松之注引《世語》，頁 19 上。
〔註 99〕參見註 87，頁 14 下。另見卷三十五，〈諸葛亮傳〉，裴松之注引《漢晉春秋》，頁 13 上。

州諸國王各遣月支、康居胡侯支富、康植等二十餘人詣受節度」〔註100〕，可知當時蜀漢還遠赴結聯西域諸國以助陣。諸葛亮早年見劉備時提出的計畫中就包括「西和諸戎，南撫夷越」以待天下之變〔註101〕，也是和其他群雄一樣，因所據之地理位置，首先要結聯左近的諸夷為助。及征戰之際，更需大招諸夷，劉備出兵東吳，特派馬良入武陵，招納五溪蠻夷，「蠻夷渠帥皆受印號，咸如意指」使蜀的勢力大增。而攻吳軍中又有胡王沙摩柯，是為羌胡族酋〔註102〕。爭取夷狄之眾也是各方勢力的目標，前面已舉出袁紹、曹操、公孫康等的爭取烏桓，以及曹操徙武都氐人的用意。蜀、魏所爭則在氐羌，魏正始八年（247）、九年隴西、南安、金城、西平諸羌與涼州胡的變亂，就曾招蜀兵以應；郭淮、姜維雙方的爭戰是關係西方勢力的消長，但雙方都沒有多大進展。〔註103〕

蜀與吳所爭蠻夷在武陵蠻，如前述劉備所召撫者；吳在黃龍三年（231）也派潘濬討伐之，當時有武陵從事樊伷欲誘導諸夷投靠劉備之故〔註104〕。孫吳靠東方的吳郡，有山越族人，顧承為都尉時與諸葛恪討平之，並得其精兵八千人〔註105〕。山越似乎是東吳長期的問題，自漢末孫堅、策即開始征討，而後復經常為亂〔註106〕；其間也有受曹操方面的扇動。〔註107〕

大體上三國承襲了東以來用夷的舊策，不只是用入居內地諸夷，也往往聯結布列在塞外周邊諸夷，北疆內外的匈奴、烏桓、鮮卑最為爭取的對象，氐羌之實力較次，也為魏、蜀所爭用。歷漢末、三國、及西晉長期的情勢沒有改變：一是胡族不斷地入居，既在中國之內，則難與國內政局無關；二是兵爭不息，胡族也漸有機會與漢族一樣參與逐鹿了。雖然在晉初武帝時有十

〔註100〕見《三國志》，卷三十三，〈蜀後主傳〉，裴松之註引《諸葛亮集》，頁3上。

〔註101〕參見《三國志》，卷三十五，〈諸葛亮傳〉，頁2下。

〔註102〕參見《三國志》，卷三十九，〈馬良傳〉，頁4下。另見卷四十七，〈吳主傳〉，頁9下。胡王沙摩柯，見卷五十八，〈陸遜傳〉，頁5下。

〔註103〕參見註97，郭、姜二人之傳記，以及卷四十四，〈蔣琬傳〉，頁3下。

〔註104〕參見《三國志》，卷六十一，〈潘濬傳〉，裴松之注引《江表傳》，頁1下。潘濬以兵五千討平之，卷四十七，〈吳主傳二〉，載潘濬領兵五萬往討，見頁21下。

〔註105〕參見《三國志》，卷五十二，〈顧承傳〉，頁13下。

〔註106〕參見《三國志》，卷五十五，黃蓋、韓富、周泰、陳表等人傳記，以及卷五十六，朱然、呂範等傳。卷六十四，諸葛恪傳。

〔註107〕參見《三國志》，卷五十八，〈陸遜傳〉，「丹陽賊帥費棧，受曹公印綬，扇動山越，為作內應」，頁1下。

餘年的統一和平時期，但實在不足以改變此前的情勢，北疆仍有擾攘，而接著政局又陷於內爭之中，原來發展成的各族勢力，逐漸定型成割據的局面，或者也如同漢末一樣，投身「四方虎爭」〔註 108〕之中。

北疆的胡族始終是兩漢以來的憂患，魏初「北狄彊盛，侵擾邊塞」，烏丸、鮮卑是其重點〔註 109〕，加上塞內的匈奴五部，雖然可使相互攻制，但相反地也會促使其相互要脅。現在將晉初至劉淵自立前，北疆的邊患及大事，簡單條列，庶幾可以看出情勢演變的大要（以《通鑑》所載為據）。

泰始三年（267）	遣鮮卑拓跋沙漠汗歸其國（拓跋力微之子，因入貢隨留為質，事在魏元帝景元二年，此拓跋氏初興之時），見頁 2505。
泰始五年	鄧艾曾納河西鮮卑數萬於雍、涼間，朝廷恐久為患，於是分雍、涼、梁州置秦州，以胡烈為刺史，頁 2509。
泰始六年	胡烈討鮮卑禿髮樹機能，兵敗被殺，頁 2513。
泰始七年	匈奴右賢王劉猛叛出塞，寇并州，頁 2514。北地胡與樹機能合寇金城郡，涼州刺史牽弘兵敗而死，頁 2515。
泰始八年	劉猛為其左部帥李恪所殺，頁 2519。汶山郡白馬胡侵略其他各族，頁 2520。
咸寧元年（275）	拓跋力微復遣其子沙漠汗入貢，幽州刺史衛瓘表請留之，並賄賂各部大人，行離間之計，頁 2541。
咸寧三年	破樹機能，降者二十萬，頁 2546。沙漠汗歸國為力微所殺，力微亦以憂卒，東部鮮卑務桓降服，衛瓘離間策成功，頁 2548。
咸寧四年	涼州刺史與樹機能之黨攻戰，敗死，頁 2549。樹機能久為邊患，朝廷不以為憂。
咸寧五年	樹機能陷涼州，頁 2554。匈奴劉淵為左部帥，頁 2555。馬隆招降鮮卑萬餘落，破斬樹機能，頁 2559。
太康元年（280）	郭欽上徙戎論，頁 2575。
太康二年	鮮卑慕容涉歸寇昌黎，慕容部開始寇叛，頁 2577。
太康三年	安北將軍嚴詢敗慕容涉歸，斬獲萬計，頁 2580。
太康六年	慕容廆寇遼西，此後每歲犯邊，並東侵夫餘，頁 2590。
太康七年	慕容廆寇遼西，匈奴十萬餘口降附雍州，頁 2591。
太康十年	慕容廆遣使請降，拜為都督，時鮮卑宇文、段氏方強，徙居徒河之青山，頁 2594。劉淵受詔為匈奴北部都尉，頁 2598。
永熙元年（290）	以劉淵為匈奴五部大都督，頁 2603。

〔註 108〕見註 89，此為公孫瓚之語，頁 7 下。
〔註 109〕參見《三國志》，卷二十六，〈田豫傳〉，頁 7 下。

永熙四年	匈奴郝散反，降後被殺，頁 2613。
永熙五年	拓跋祿官分國爲三，皆招納晉人，頁 2615。
永熙六年	郝散弟度元、馬蘭羌、盧水胡俱反，秦雍氐羌皆應之，推氐帥齊萬年爲帝，頁 2616。仇池楊茂搜興起，關中人士多往避難，頁 2617。
永熙七年	拓跋猗㐌往西發展，五年降服三十餘國，頁 2621。
永熙八年	流民散在梁、益、巴氐李特興起，頁 2622。
永熙九年	江統作徙戎論，頁 2623。
永寧元年（301）	涼州刺史張軌破鮮卑，威著西土，頁 2650。汶山羌反，頁 2654。六州流民奉李特爲主，頁 2667。
太安元年（302）	慕容廆大破宇文別部，頁 2676。
太安二年	新野莊王失蠻夷心，義陽蠻反，頁 2680。幽州王浚以天下方亂，欲結夷狄爲援，以一女妻鮮卑段勿塵，並表封爲遼西公，一女妻宇文部素怒延，頁 2692。
永興元年（304）	王浚與鮮卑段勿塵、烏桓羯朱及東嬴公騰同起兵討皇太弟穎，穎結劉淵以抗，頁 2697。劉淵至左國城受推爲大單于，頁 2700。拓跋猗㐌、猗盧與東嬴公騰結盟，合擊劉淵，頁 2701。劉淵即漢王位，建國號爲漢，頁 2702。

由上面的簡述中看到有胡夷的變亂，以及彼此間的擴張，重要的還是在於因內地的政爭以致競相交結胡族，仍如東漢以來的用夷情形。不過東漢用夷初在制夷、攻夷，漢末、三國、西晉則更進一步爲群雄用以互攻，幾乎將胡夷作爲戰爭的工具；戰亂不止，則胡夷滿路，難以收遏。當劉淵爲漢王的次年，在江東的顧榮說：「中國喪亂，胡夷內侮，觀今日之勢，不能復振，百姓將無遺種。」〔註 110〕誠哉斯言！

〔註 110〕見《通鑑》，卷八十六，惠帝永興二年，頁 2715。

第五章　漢晉之北疆經營

第一節　由北疆爭霸到推亡固存

建安二十一年（216），匈奴南單于呼廚泉來朝，曹操留之於鄴（河南臨漳），並以右賢王去卑往監其國〔註 1〕。南單于的統系到此有了極大的轉變。曹操又將這支南單于的部眾分立為五部，選其貴族為各部之帥，並立漢人為司馬以監督之；五部皆居於當時的并州境內〔註 2〕，魏武置此五部於控制之下。上述的兩項措施，都是在建安時期完成的，就東漢以來對匈奴的政策可以說是轉入了「建安制」時期。

史書所載五部分立的時間並不明確，《後漢書》與《三國志》皆未明言，《晉書》說「建安中」魏武始分立五部〔註 3〕，《通鑑》則繫之於南單于留鄴的建安二十一年〔註 4〕，《通鑑》所繫時間似無根據，大約以為單于留鄴，匈奴無主，故得以乘勢分立五部。現在且將「建安制」實行時南匈奴的背景作一概要敘述。

《後漢書》裏的記載較為詳細：

> 中平四年（187），前中山太守張純反畔，遂率鮮卑寇邊郡，靈帝詔發南匈奴兵，配幽州牧劉虞討之，（羌渠）單于遣左賢王將騎詣幽州，國人恐單于發兵無已。五年，右部醯落與休著各胡、白馬銅

〔註 1〕參見《三國志》，卷一，魏書〈武帝紀〉，頁 43 下。
〔註 2〕參見《晉書》，卷九十七，〈匈奴傳〉，頁 10 上，另見本書前章所述。
〔註 3〕見前註。
〔註 4〕參見《通鑑》，卷六十七，頁 2147。

等十餘萬人反，攻殺單于，……子右賢王於扶羅立，（爲）持至尸逐矦單于。……國人殺其父者遂畔，共立須卜骨都矦爲單于。……會靈帝崩，天下大亂，（於扶羅）單于將數千騎與白波賊合兵寇河內諸郡，時民皆保聚，鈔掠無利，而兵遂挫傷，復欲歸國，國人不受，乃止河東。須卜骨都矦爲單于一年而死，南庭遂虛其位，以老王行國事。單于於扶羅立七年死，弟呼廚泉立，……以兄被逐不得歸國，數爲鮮卑所鈔。建安元年，獻帝自長安東歸，右賢王去卑與白波賊帥韓暹等，侍衛天子拒擊李傕、郭汜，……然後歸國。二十一年，單于來朝，曹操因留於鄴，而遣去卑歸監其國焉。〔註5〕

《晉書》裏說中平年間羌渠單于遣其子於扶羅助漢討黃巾，當羌渠被殺，於扶羅「以其眾留漢，自立爲單于」〔註6〕。由《後漢書》所載知南匈奴自東漢以來單于統系止於須卜骨都侯單于，一則因自須卜骨都侯死後，「南庭遂虛其位，以老王行國事」，一則因於扶羅領兵助漢，其單于爲自立，他「復欲歸國，國人不受」，只有留在河東。當其弟呼廚泉繼立時，「以兄被逐，不得歸國」，都說明了後來「建安制」所行之對象，是這支爲漢廷承認但不被原來南匈奴承認爲「正統」的部分。而羌渠當年爲單于，是因爲漢廷的中郎將張修與呼徵單于不合，張修擅斬之，更立右賢王羌渠，故匈奴部眾對漢廷不滿者必大有人在，而後羌渠又「發兵無已」地助漢，叛亂的發生當與此有關。

右賢王去卑曾在建安元年（196）護獻帝東歸有功，是而後選爲監國的主要原因，其所監之國是分立五部之國。呼廚泉立於興平二年（195），他與扶羅一樣寇掠內地，尤其當袁紹死時，與袁尚方面的河東太守郭援，并州刺史高幹等攻河東，而平陽即這支南單于的居地，建安七年（202），曹操以鍾繇圍平陽，大破來救的郭援，呼廚泉單于乃降〔註7〕。這當是後來曹操留呼廚泉

〔註5〕見《後漢書》，卷八十九，〈南匈奴列傳〉，頁32下～33下。

〔註6〕見《晉書》，卷一〇一，〈劉元海載記〉，頁1上。後漢書中以中平四年羌渠單于遣左賢王配劉虞兵，或即於扶羅時爲左賢王，後爲右賢王，亦或爲兩事。《通鑑》即取《後漢書》所載，見卷五十九，頁1889。

〔註7〕參《三國志》，卷十三，〈鍾繇傳〉，頁2下～3下；卷十五，〈張既傳〉，頁10上。〈張既傳〉中以高幹亦與南單于共降，〈通鑑考異〉認爲高幹未降，僅記南單于降，見卷六十四，頁2046。按〈張既傳〉以高幹與單于皆降，又記：「其後幹復舉并州反」，曹操以兵攻之，高幹敗走荊州。袁尚附傳中記高幹以并州降，曹操復以之刺史，見卷六，頁30下，故〈張既傳〉記其降後復叛。又記建安十年高幹叛，十一年曹操往征之，高幹欲說南單于援助而不得，南奔荊

於鄴的主要原因；唯恐其以單于之尊而領眾爲亂。

南匈奴在「建安制」實施的開始，單于之政權可謂走到了尾聲，此時也是漢朝廷的最後幾年，匈奴與漢廷四百餘年之對峙，首尾相當都到了盡頭。至於單于政權之沒落應有內、外雙重的因素，一方面是其自身內部之崩壞，二方面漢晉以來加諸其外的破壞〔註8〕。內部之問題留待後面再敘。外部之破壞指「建安制」之實現，但此一制度之實現亦是經過兩漢長期對北疆經營之結果，從武帝開塞出擊到宣帝之和平，漢與匈奴八十餘年之爭戰告一段落止，北疆的動亂可謂有了初步之結果。

中國對邊疆的開拓發展以及與四裔民族之關係，並非始於漢武帝之開邊，從四史裏記載四裔之列傳中當已可知。故武帝之邊疆經營一則承襲此前之歷史發展，一則更有其當前之需要，尤其在對北疆方面之經營，實爲漢代國防上之迫切問題，此在本文第三章中已述及。北疆之經營非單對匈奴決戰一事而已，有其國防上全面戰略之考慮，而夷夏觀念乃廣包四夷，北方匈奴爲當時最強之夷，長城以外，東北至西緣邊爲諸夷所布之地，對漢形成一大包圍之勢，在戰略上當不能捨其餘而獨對匈奴，應有全盤之策劃，而北疆之經營亦勢必牽連由東北至西各民族間之關連。

武帝即位初即有意經營北疆，故建元中有匈奴降者言及北疆情勢時，知月氏與匈奴爲仇，「月氏遁而怨匈奴，無與共擊之」〔註9〕，於是通西域尋求盟國，成爲戰略考慮的一環。建元三年（前138）張騫始通西域，十三年後返。張騫始通西域後五年，元光二年（前133）時漢預備出兵攻匈奴，此即爲馬邑之謀，至元光六年乃正式開塞出擊，此後雙方戰事綿延四十年，漢廷在其間約有十二次大舉出征，到征和三年（前90）李廣利兵敗降匈奴止，武帝之北疆經營於是結束。

河南與河西之地是漢廷初步攻略之目標，河南地的河套一帶在秦時爲匈奴之牧地，爲蒙恬所收復，秦漢之際復爲匈奴所取，屬右賢王所控制地區。河西屬休屠、渾邪二王分領東、西二部份，故而九原、上郡、北地、隴西各郡直接受到威脅。元朔二年（前127）收復河南地後，恢復秦時蒙恬所築之長

州爲上洛都尉王王琰所殺，此復叛與南奔荊州亦與〈張既傳〉合，見頁31上、下。

〔註8〕參見內田吟風，〈匈奴五部の狀勢に就て〉，《史林》，第十九卷第二號，頁51。其文以匈奴外部之破壞由魏晉所加，所述背景較有限，本文則溯自兩漢。

〔註9〕見《漢書》，卷六十一，〈張騫傳〉，頁1上。

城邊塞。次年，張騫自西域返國，他通西域之經過及對各國之認識，在《史記・大宛列傳》與《漢書・西域傳》中都有詳細的記載，這些資料當爲武帝北疆經營最好的情報，配合西北之攻勢，河西地更成爲必取之目標。元狩二年（前 121）收復河西地區，以次設郡固塞，並河南地移民實邊；鞏固與開發不斷進行，並配合絕幕之攻擊，匈奴遠遁，而漢南無王庭。至此不惟匈奴的前進基地喪失，漢的西北邊塞漸固，河南與河西轉成爲其前進基地。尤有甚者，通西域以斷匈奴右臂將可實現，而匈奴與羌之交關亦被隔絕，漢廷這種向西北突入的發展，扭轉了此前被包圍的形勢。不久，張騫二次通西域以實現漢廷的戰略構想。

在元鼎、元封之際有數事値得注意。元鼎五、六年（前 112～111）西北破羌與匈奴，南方平南越，兩面的進取有其不同的意義。河西攻取後，羌、胡通路將絕，漢欲鞏固此局勢，對羌的戰事即不免，而匈奴欲阻扼漢廷的發展，有聯合羌人之必要；且羌之隱憂乃是其據有河、隍地區，故有逐羌人出河、湟之戰，以及置護羌校尉之舉〔註 10〕。接著趙破奴出令居進行威力搜索，二千餘里不見敵蹤〔註 11〕，河西之控制權已落入漢廷手中，進一步就是與匈奴爭取西域的控制權。至於南越之征伐是受到張騫初使西域後的影響，他設想一條由南方往印度通西域之途的可能，漢廷曾經遣使試探，但是卻受阻於滇國〔註 12〕；故而漢出兵平南越，設九郡以治之，又平滇國置益州郡等〔註 13〕。西南夷的經營在武帝前已開始，但此時因關連到北疆局勢，故轉變爲更加積極。而後西域發展較順利，遂不再尋求南通之途了。

元封三年（前 108）遼東四郡設立，東北方面之經營亦至此鞏固，朝鮮之收服與北疆戰略之關係缺乏直接的資料來說明。但臣屬於匈奴的鮮卑、烏桓等，地境相接東北，漢時「匈奴最逼於諸夏，胡騎南侵則三邊受敵」〔註 14〕，遼東有亂，亦是國防上的漏洞，則經營北疆，遼東自應不得疏忽。

元封以後是漢廷鞏固河西與爭奪西域控制權的時期。匈奴失去漠南、河西，與羌之通路亦斷，但西域各國仍在其勢力控制之下。張騫第二次西使爭

〔註 10〕參見《漢書》，卷六，〈武帝本紀〉，頁 18 下～19 上；《後漢書》，卷八十七，〈西羌傳〉，頁 10 下。

〔註 11〕參見註 10，《漢書》，頁 19 下。

〔註 12〕參見《漢書》，卷九十五，〈西南夷傳〉，頁 3 下～4 上。

〔註 13〕參見註 12，頁 4 上～5 上等。

〔註 14〕見《三國志》，卷三十，〈烏丸鮮卑東夷傳〉，頁 1 上。

取盟國的目的並未達到，所謂「厚賂烏孫，招以東居故地，漢遣公主為夫人，結昆弟，其勢宜聽，則是斷匈奴右臂也」，這是以財物、和親、結兄弟之盟約的老方法，同時要求烏孫東移至河西一帶，與漢形成攻守之聯盟。此外，「自其西大夏之屬，皆可招來而為外臣」〔註15〕，可見西域各國都在其計畫之中。雖然烏孫並未允結盟東遷，但遣使至漢報謝，在外交上漢廷仍是非常成功的。烏孫未與漢結盟，張騫「不得其要領」，據《史記》上說是這樣的：

> 烏孫國分，王老而遠漢；未知其大小，素服匈奴日久矣，且又近之。其大臣皆畏胡，不欲移徙，王不能專制，……國眾分為三，而其大總取羈屬昆莫，昆莫亦以此不敢專約於（張）騫。〔註16〕

烏孫國有內憂，故國王昆莫不敢獨斷允盟，且國內大臣懼怕得罪於匈奴，重要的是與漢遠隔；「未知其大小」，怎敢捨棄「素服」、「且又近之」的匈奴？其餘西域各國的考慮當亦如此。所以烏孫使者隨張騫報謝時是負有「因令窺漢」的任務，結果「見漢人眾富厚，歸報其國，其國乃益重漢」，這也影響到西域其他各國，隨之皆派使來交通，於是「西北國始通於漢矣！」〔註17〕

外交上初步的成功仍不能使漢廷在西域具有影響力，使者往返時有糾紛，加之匈奴控制西域，常出奇兵遮襲，西域各國亦以為漢兵遠不能至，故而漢廷終必以軍事成為其外交的後盾。當張騫二度通西域歸國後的第十年，元封三年（前108）漢出兵攻向西域，虜樓蘭王、破姑師。這是控制往西域各地南、北兩道的起點，所謂「樓蘭姑師小國當空道」〔註18〕，空道即孔道，往西域的必經之路，也就是漢廷控制了西域的門戶。接著是太初年間的遠征大宛。

遠征大宛素為讀史者所重視，而探究武帝出征之動機又為其中之論點〔註19〕。姑不論各家所言，就漢對西域之發展與擴張而言，是其北疆戰略的重點。由前面所論可知繼續延伸勢力至西域本土，乃為漢廷所構想的完整計畫，不會僅止於外交上能互通使節為滿足。而出兵控制西域門戶正為續進之張目，求大宛汗血馬代表漢廷之國威，這種象徵有兩個方面，在積極方面是

〔註15〕參見註9，頁4下。

〔註16〕見《史記》，卷一二三，〈大宛列傳〉，頁10下～11上。

〔註17〕同註16，頁11下。

〔註18〕見註9，頁6下。

〔註19〕關於此問題之諸種說法，可參見邢義田，〈漢武帝伐大宛原因之再檢討〉，《食貨月刊》，復刊第二卷第九期（臺北：食貨月刊社，民國61年12月），頁31～35。

漢的聲勢要取代匈奴，在消積方面是尋求具體的外交成果。然則大宛絕漢，甚且殺漢使劫財物，這正給武帝出兵之藉口，攻樓蘭則已然用兵西域，繼續西進當不免繼續用兵。攻大宛帶有冒險的成份，但也正可以展現漢廷之實力，而大宛敢於拒絕漢使之所恃，亦即是遠征的冒險之處。《史記》上說大宛的考慮是這樣：

> 漢去我遠，而鹽水中數敗，出其北有胡寇，出其南乏水草，又且往往而絕邑，乏食者多，漢使數百人爲輩來，而常乏食，死者過半，是安能致大軍乎？〔註20〕

漢軍初征大宛失敗，武帝仍甘願騷動全國再征大宛，原因就是爲了漢的聲威：

> 天子已業誅宛，宛小國而不能下，則大夏之屬輕漢，而宛善馬絕不來，烏孫、侖頭易苦漢使矣，爲外國笑。〔註21〕

第二次遠征大宛成功，算是免除了「爲外國笑」之譏。而征大宛之成敗與漢廷發動的兵力、後勤、屯田支援有著絕大關係。〔註22〕重要的是遂行了戰略上的企圖以及展現了軍事上的能力。

征大宛前西域雖通使於漢，但仍懾於匈奴之控制，以烏孫而言，在張騫爲漢廷所訂的西域政策中，是漢廷所極欲爭取的對象。匈奴知烏孫與漢通使，有攻擊之意圖，而漢的外交能力已達到烏孫後方各國，亦使烏孫大爲震恐，乃主動與漢和親結盟，娶宗室女公主爲右夫人，匈奴也轉變爲和親態度，嫁女爲昆莫之左夫人，可見雙方皆欲爭取盟國。不過匈奴尙左，烏孫以其女爲左夫人，是忌匈奴略過於漢。其後昆莫以年老欲漢公主嫁其孫爲妻，公主本與昆莫言語不通，生活悲愁於思鄉之中；此時乃上書報武帝，但武帝極欲結盟烏孫，只有命其「從其國俗」再嫁昆莫之孫了〔註23〕。此見漢對西域之經營眞可謂頗費苦心。

除烏孫外，西域各國隨張騫二次通使後多來通好，就外交的景像來看，漢廷是頗有吸引力的，「自此始，西北外國使更來更去」〔註24〕。然則就下面

〔註20〕見註16，頁16上。
〔註21〕見註16，頁17下。
〔註22〕參見管東貴，〈漢代的屯田與開邊〉，《中研院史語所集刊》，第四十五本第一分（臺北：中研院史語所，民國62年10月），頁62～66。
〔註23〕參見《漢書》，卷九十六下，〈西域傳下〉，頁2下～3上。
〔註24〕見註16，頁15上。

一條資料來看，西域各國，尤其在烏孫以西之國，一則以受制於匈奴，一則以貪慕漢之富庶：

> 自烏孫以西至安息，以近匈奴。匈奴困月氏也；匈奴使持單于一信，則國國傳送食，不敢留苦。及至漢使，非出幣帛不得食、不市畜、不得騎用，所以然者，遠漢，而漢多財物，故必市乃得所欲，然以畏匈奴於漢使焉。〔註 25〕

就此看來，漢廷努力交通西域，不加兵威仍不足以展現實力，則難與匈奴爭奪西域霸權。大宛正是「遠漢」之國，外交上西域皆知漢之富庶，實力上就要借兵力來證明，大宛的遠征即在此時機之中。漢兵能遠出西域攻城略國，自當引起其他各國之震恐，當李廣利出兵時，漢廷要求烏孫也出兵合攻，烏孫發兵但「持兩端，不肯前」，及破大宛後，漢軍東狥，「所過小國，聞宛破，皆使其子弟從軍入獻，見天子，因以爲質焉」〔註 26〕。《漢書》上說自破大宛後，「西域震懼，多遣使來貢獻，漢使西域者益得職」〔註 27〕，這些都說明了遠征大宛帶來的立即成果，不敢以「遠漢」而輕忽，漢的實力確是到達了該地。不過匈奴對西域的控制力仍在，武帝所定的戰略還有待其後繼者來完成，但有著武帝時代開創的基礎就順利得多了。

前面述及由河西通西域之門戶樓蘭曾爲漢軍所破，降服貢獻於漢。匈奴爲阻扼漢廷之西進，當須掌握此一要衝之國，也發兵反擊樓蘭，樓蘭處於兩大之間，只有向雙方降服，委質於雙方，正如樓蘭王對武帝所言：「小國在大國閒，不兩屬，無以自安」〔註 28〕。樓蘭的立場不能明確，以致匈奴影響其「數遮殺漢使」，終導致元鳳四年（前 77）漢以傅介子推翻其政權之結局。漢更立新王並改其國名爲鄯善，進一步在其國的伊循城實行屯田以鎮守之〔註 29〕，於是此西域門戶落入漢廷控制之中。

同樣地處於要衝地位的車師，也成爲漢與匈奴的必爭之地；鄯善爲通西域南道門戶，車師則爲扼北道之咽喉。武帝天漢二年（前 99）曾出擊車師，不利而退，征和四年（前 89）漢以大軍出擊匈奴，道過車師而降服之〔註 30〕；

〔註 25〕同註 16。
〔註 26〕見註 16，頁 20 上。
〔註 27〕見《漢書》，卷九十六上，〈西域傳上〉，頁 2 上。
〔註 28〕見註 27，頁 5 上。
〔註 29〕參見註 27，頁 5 上～6 下。
〔註 30〕參見註 23，頁 18 上、下。

這是武帝時爭車師之戰。昭帝末年匈奴欲取回控制權，並妨漢在車師右地屯田。至宣帝時雙方開始激烈的爭奪戰，這與雙方全面的戰爭一併進行，直到神爵二年（前 60），匈奴日逐王以所領右地降漢止，車師隨同西域都落入漢廷的控制之中。〔註 31〕

宣帝本始二年（前 72）匈奴受到嚴重的打擊，漢出大軍十五萬，聯合以烏孫爲首的西域各國兵五萬騎，重創匈奴。而匈奴因急於對烏孫報復，年底即發兵攻之，遭大雨雪，生還不及什一，於是丁令乘機攻其北，烏桓入其東，烏孫擊其西，結果，「匈奴大虛弱，諸國羈屬者皆瓦解，攻盜不能理」〔註 32〕。到此這個游牧帝國終不免走向沒落之途了，十二年後控制西域的日逐王降漢，再過九年則爲呼韓邪單于的降漢。

從河西落入漢廷手中後，漢與匈奴對峙達七十年之久，競爭的重點則在西域，也就是在漢廷斷匈奴之右臂的戰略；控制樓蘭、車師、遠征大宛應都是其中不可免之部份。本始二年的大戰雖起於烏孫之求援，實在也是由於匈奴一直欲爭回西域控制權的因素。西域各國中烏孫爲強國，故而張騫即以之爲結盟的對象〔註 33〕，與漢和親往來較密的也是烏孫。相反地，匈奴終不至讓這親漢政權立於西域，故屯田車師右地，發兵擊烏孫皆是對漢實行反攻。烏孫與大宛的誰屬，能影響到西域整個的局面。後來元帝時主持西域經營的陳湯就有很深刻的認識，他說：

> 今郅支單于威名遠聞，侵陵烏孫、大宛；常爲康居劃計，欲降服之，如得此二（三）國，北擊伊列，西取安息，南排月氏、山離烏弋（烏弋山離），數年之間，城郭諸國危矣！〔註 34〕

這雖是對匈奴分裂後西單于郅支所帶來的威脅而言，但在北疆戰略上所面臨的西域問題仍然一樣，換言之，從長遠的眼光來看，漢必與西域結成攻守同盟始能鞏固北疆。

匈奴帝國的興衰直接威脅到漢廷之北疆，雙方兵戎相見造成彼此慘重之損失，相峙愈久愈見其國力之強弱。漢的中央政權鞏固並不受長期戰爭之影

〔註 31〕漢與匈奴之爭奪車師，可參見管東貴前揭文，頁 75～76。另見嶋崎昌，〈匈奴的西域統治與兩漢的車師經略〉，《邊政研究所年報》，第二期（臺北：政治大學邊政研究所，民國 67 年），頁 1～18。

〔註 32〕見《漢書》，卷九十四上，〈匈奴傳上〉，頁 35 下。

〔註 33〕參見註 23，頁 1 下。

〔註 34〕見《漢書》，卷七十，〈陳湯傳〉，頁 8 上。

響，匈奴之單于政權則有逐漸削弱之勢，除軍事上之勝負有所影響外，其自身內部的破壞也值得注意。今將呼韓邪單于與漢和平以前內部的動亂與衝突列表如下；資料以《漢書・匈奴傳》爲主。

時　間	記　　　　事	資　料
元朔三年（前126）	軍臣單于死，其弟左谷蠡王伊稺斜自立爲單于，攻敗軍臣單于太子於單，於單亡降漢。	卷九十四上，頁19下。
元狩二年（前121）	單于怒昆邪王、休屠王居西方，爲漢所殺虜數萬人，欲召誅之，昆邪、休屠王恐，謀降漢。昆邪王殺休屠王并將其眾降漢，凡四萬餘人。	卷九十四上，頁20下、21上。
元封六年（前105）	單于年少，好殺伐，國中多不安，左大都尉欲殺單于，使人閒告漢曰：我欲殺單于降漢，漢遠，漢即來兵近我，我即發。明年，漢使浞野侯破奴將二萬騎出朔方，浞野侯既至期，左大都尉欲發而覺，單于誅之，發兵擊浞野侯。	卷九十四上，頁25上、下。
始元二年（前85）	初單于有異母弟爲左大都尉賢，國人鄉之，母閼氏恐單于不立子而立左大都尉也，迺私使殺之，左大都尉同母兄怨，遂不肯會單于庭，單于以子少欲立其弟右谷蠡王，及單于死，衛律與顓渠閼氏矯立單于子左谷蠡王。左賢王、右谷蠡王以不得立，怨望，欲率其眾歸漢，恐不能自致，即脅盧屠王，欲與西降烏孫謀擊匈奴，盧屠王告之單于，單于使人驗問，右谷蠡王不服，反以其罪罪盧屠王，國人皆冤之，於是二王去居其所，未嘗肯會龍城。	卷九十四上，頁30下、31上。
地節二年（前68）	虛閭權渠單于立，以右大將女爲閼氏而黜前單于所幸顓渠閼氏，顓渠閼氏父左大且渠怨望。單于謀召貴人與漢和親，左大且渠心害其事，其秋，匈奴前所得西嗕居左地者，其君長以下數千人與甌脫戰，所戰殺傷甚眾，遂南降漢。	卷九十四上，頁35下、36上。
神爵二年（前60）	握衍朐鞮單于初立，凶惡，盡殺虛閭權渠時用事貴人，又盡免虛閭權渠子弟近親，自其子弟代之，虛閭權渠之子稽侯𤠔既不得立，亡歸妻父烏禪幕。 日逐王先賢撣，其父左賢王當爲單于，讓狐鹿姑單于，狐鹿姑許立之，國人以故頗言先賢撣當爲單于。日逐王素與握衍朐鞮有隙，即率其眾數萬騎歸漢。	卷九十四上，頁37下、38上。
神爵三年（前59）	單于殺先賢撣兩弟，烏禪幕請之不聽，心恚。其後，左奧鞬王死，單于自立其小子爲奧鞬王，奧鞬貴人共立故奧鞬王子爲王，與俱東徙，單于將萬騎擊之，不勝。單于暴虐殺伐，國中不附，太子左賢王數讒左地貴人，左地貴人皆怨。 明年，烏桓擊東邊，姑夕王頗得人民，單于怒，姑夕王恐，即與烏禪幕及左地貴人共立稽侯𤠔爲呼韓邪單于，發左地兵西擊單于，右賢王不救，握衍朐鞮單于恚自殺。	卷九十四上，頁38上、下。
神爵四年（前58）	匈奴五單于爭戰。結果爲南匈奴呼韓邪單于朝漢，北匈奴郅支單于擾攘北邊及西域。其後元帝時爲甘延壽、陳湯殺於康居。	卷九十四下，頁1～6上。

由上簡表可知匈奴內部之衝突，愈往後有愈趨於激烈之勢。要之，匈奴之政權結構與漢帝國有異，其國家形式接近單一的、多少具有地方分權性之封建體制，又新單于繼立時，往往提拔其近親子弟，權力結構亦隨之調整〔註 35〕。如此易於產生糾紛而與封建勢力結合，從握衍朐鞮單于至五單于之爭立最易說明，匈奴勢力衰微其內部自身的破壞主要即在於此。此外，匈奴因內鬨而降漢者與漢人之降匈奴者又有差異，除漢初開國時韓王信部將曼丘臣、王黃等領有部眾與匈奴合作〔註 36〕，燕王盧綰將其眾亡入匈奴〔註 37〕，其餘如李陵、李廣利等皆隻身北降。匈奴之南降則多領有部眾，甚且達數萬之鉅，在前面第四章中已條列出可參見之；這對匈奴勢力影響頗大，更可見其自身之削弱。

匈奴受內外之交迫，至五單于相爭時已面臨分裂之局面。郅支破呼韓邪都於單于庭，控制了本土舊地，其勢較盛。東方原為其居地，復攻滅在西方之閏振單于，自整個大北方壓制下來，呼韓邪恐無法支持，遂受左伊秩訾王之計欲對漢稱臣求助，其汗庭中的會議是這樣的：

> 呼韓邪議問諸大臣，皆曰不可：匈奴之俗本上氣力而下服役，以馬上戰鬥為國，故有威名於百蠻，戰死，壯士所有也，今兄弟爭國，不在兄則在弟，雖死猶有威名，子孫常長諸國，漢雖強猶不能兼併匈奴，奈何亂先古之制，臣事於漢，卑辱先單于，為諸國所笑！雖如是而安，何以復長百蠻？左伊秩訾曰：不然，彊弱有時，今漢方盛，烏孫城郭諸國皆為臣妾，自且鞮侯單于以來，匈奴日削，不能取復，雖屈彊於此，未嘗一日安也，今事漢則安存，不事則危亡，計何以過此？諸大人相難久之。〔註 38〕

南匈奴之反對派以事漢為屈辱，不能稱雄於長城之外而為諸國所笑，在伊秩訾所言是現實存亡的考慮，「相難久之」才選擇了其去向，其間的爭執是相當劇烈的。

在呼韓邪事漢之前，匈奴與漢長期對峙中也有數次和談的交涉，先列表於下。資料同前表。

〔註 35〕關於匈奴之政權結構參見謝劍，〈匈奴政治制度的研究〉，《史語所集刊》，第四十一本第二分（臺北：中研院歷史語言研究所，民國 58 年 6 月），頁 231～272。
〔註 36〕參見《漢書》，卷一下，〈高祖本紀〉，頁 10 上。
〔註 37〕參見《漢書》，卷三十四，〈盧綰傳〉，頁 25 下。
〔註 38〕見《漢書》，卷九十四下，〈匈奴傳下〉，頁 2 上、下。

時　間	記　　事	資　料
元狩年間（前 122～117）	伊穉斜單于用趙信計，遣使好辭請和親，天子下其議，或言逐臣之；任敞以匈奴新困，宜使爲外臣。任敞使於單于，單于聞後大怒，留之不遣。	卷九十四上，頁22上、下。
元封年間（前 110～105）	郭吉風告烏維單于，單于見之，吉曰：南越王頭已縣於漢北闕下，今單于即能前與漢戰，天子自將兵待邊，即不能，亟南面而臣於漢，何但遠走亡匿於幕北寒苦無水草之地爲？單于大怒，留郭吉不歸，遷辱之北海上。	卷九十四上，頁23上。
	單于終不肯爲寇於漢邊，數遣使甘言求和親。漢使王烏見單于，單于陽許之將遣太子入質求和親。	卷九十四上，頁23下。
	漢使楊信見單于曰：即欲和親，以單于太子爲質於漢，單于曰：非故約，故約漢常遣翁主、給繒絮食物有品以和親，而匈奴亦不擾邊，今乃欲反古，令吾太子爲質，無幾矣！楊信既歸，漢使王烏如匈奴，匈奴復諂甘言，欲多得漢財物，紿王烏欲入漢結爲兄弟。王烏歸報漢，漢爲單于築邸於長安。匈奴曰非得漢貴人使，不與誠語。乃使其貴人入漢，不幸因病服藥而死，漢使路充國佩二千石印綬送其喪，厚幣値數千金，單于以漢殺其貴使，留路充國不歸。漢知單于空紿王烏，殊無意入漢遣太子來質。	卷九十四上，頁24上、下。
天漢四年（前 97）	狐鹿姑單于遣使漢書云：南有大漢、北有強胡；胡者，天之驕子也，不爲小禮以自煩，今欲與漢闓大關，取漢女爲妻，歲給遺我糵酒萬石、稷米五千斛，雜繒萬匹，它如故約，則邊不相盜矣！	卷九十四上，頁29下。
始元三年（前 84）	狐鹿姑單于欲求和親，會病死。	卷九十四上，頁30下。
元鳳二年（前 79）	壺衍鞮單于思衛律言，欲和親，而恐漢不聽，故不肯先言，常使左右風漢使者，然其侵盜益希，遇漢使愈厚，欲以漸致和親，漢亦羈縻之。	卷九十四上，頁32上。
地節二年（前 68）	是時匈奴不能爲邊寇，於是漢罷外城以休百姓，虛閭權渠單于聞之喜，召貴人謀欲和親，左大且渠心害其事。	卷九十四上，頁35下、36上。
神爵二年（前 60）	虛閭權渠單于以題王都犂胡次等入漢請和親，未報，會單于死。握衍朐鞮單于立，復修和親，遣弟伊酋若王勝之入漢獻見。	卷九十四上，頁37上。

自軍臣單于至呼韓邪單于之間歷九單于，明顯有和親交涉著達六位，未有和親交涉的三位單于，其一詹師廬單于在位三年，其二句黎湖單于則僅一年，且鞮侯單于在位五年。大體而言，匈奴頗有意於和親，也是愈往後愈有意於此，狐鹿姑時「自單于以下，常有欲和親計」〔註 39〕，壺衍鞮可見上表，

〔註 39〕同註 32，頁 30 下。

又史稱其本始三年之敗後「茲欲鄉和親，而邊境少事矣」〔註 40〕。和親帶給匈奴最大的利益就是財物，壺衍鞮單于思衛律言而欲和親，是「衛律在時，常言和親之利，匈奴不信，及死後，兵數困，國益貧」〔註 41〕，到本始三年之敗後，自然「茲欲鄉和親」了。和親始終未能達成，姑不論其達成後之實效如何，是否成爲漢廷未允匈奴所求之考慮，就上表中可以看出雙方已有不同的基本立場。在漢廷是要匈奴爲外臣、入質來談和親，而匈奴則視之如呼韓邪時「亂先古之制，臣事於漢」了。單于的立場正如烏維與狐鹿姑所言的「故約」式之和親，所謂「故約」，這二位單于已說得很明白，也就是漢高祖到文帝時的和親之約，以長城分別的兩個平等國家，自無所謂「臣事」之說了。

宣帝時呼韓邪稱臣爲外蕃，班固特贊其事曰：

遭値匈奴乖亂，推亡固存，信威北夷，單于慕義稽首稱藩，功光祖先，業垂後嗣，可謂中興侔德殷宗周宣矣！〔註 42〕

漢初以來與匈奴在北疆的爭霸，到宣帝時暫告一結束，「推亡固存」就是其結果。匈奴帝國分裂，爲漢所承認的單于是呼韓邪，但已喪失了如過去完全獨立自主的地位。西單于郅支猶在西北方奮鬥，至元帝時被消滅；匈奴復統一於呼韓邪單于之下，仍臣事於漢。

第二節　安南定北與建安制之形成

西漢自宣帝以後至王莽時與匈奴皆保持和平，但雙方間或有糾紛發生。成帝末有漢使求地之爭，平帝時受漢廷阻令不得受烏桓稅收，到王莽時又改易單于印文，於是匈奴有侵邊的企圖。《漢書》上說：

單于始用夏侯藩求地，有距漢語，後以求稅烏桓不得，因寇略其人民，釁由是生，重以印文改易，故怨恨，迺遣……勒兵朔方塞下。〔註 43〕

王莽初欲分立匈奴爲十五單于，並派十二部大軍準備出擊匈奴，但都未實現，只有扶立右犁汙王咸的計畫算是成功。這主要還是靠王昭君家世的姻親關係

〔註 40〕同註 32，頁 35 下。
〔註 41〕同註 32，頁 32 上。
〔註 42〕見《漢書》，卷八，〈宣帝本紀〉，頁 24 下。
〔註 43〕見卷九十四下，〈匈奴傳下〉，頁 22 上。

之故，透過此關係右犂汗王得以繼立爲單于，同時也能與漢保持和平，王莽也大加賄賂，「單于貪莽賂遺，故外不失漢故事，然內利寇掠」〔註44〕，匈奴已然寇邊抄掠了。

王莽在敗亡前又曾欲出兵扶立新單于，及其死後，更始帝遣使送漢舊璽給單于；單于知中國已亂，驕而不受。匈奴在西漢末又有「不臣」之心，此與王莽的措施有關，《漢書》上說得甚爲明白：

> 初北邊自宣帝以來，數世不見煙火之警，人民熾盛，牛馬布野，及莽擾亂，匈奴與之構難，邊民死亡係獲，又十二部兵久屯而不出，吏士罷弊，數年之間，北邊虛空，野有暴骨矣！〔註45〕

東漢初，光武帝遣使遭到與更始帝時同樣的待遇，「單于驕踞，自比冒頓，對使者辭語悖慢」〔註46〕。但匈奴因單于繼位的內爭，給予漢廷絕好的機會。建武二十四年，南邊八郡的右奧鞬日逐王自立爲呼韓邪單于，採取漢宣帝時故事奉藩稱臣，北疆情勢又有轉變。即南匈奴受漢保護，居於沿邊各郡，成爲東漢北疆國防線的外圍，北匈奴則不斷攻擊爲敵。

漢與南匈奴聯盟出擊北匈奴，直到和帝永元初，北單于逃亡不知所終。竇憲欲扶立其殘餘勢力爲北單于，於是朝廷爲此展開議論。袁安與任隗反對扶立北單于，同時指出東漢初招納呼韓邪居於內塞邊郡實爲權宜之計，目的在於捍禦北匈奴，北匈奴破滅後即當返南匈奴回故地，統領匈奴部眾爲漢藩國，故不需復立北單于。袁安特別指出東漢初的政策原則爲「安南定北」。〔註47〕

即以「安南定北」爲東漢初之北疆政策，則承認南單于政權並援助其抗拒北單于之立場當屬明確。北匈奴雖發兵擾邊而不敢公然與漢爲敵，宣稱其攻擊對象爲「亡虜奧鞬日逐耳，非敢犯漢人也」，意爲在進行匈奴本身之內戰，與漢無涉，同時也表示親漢的和平行動，故於建武二十七年（51）、二十八年連續遣使求和親，甚至在二十八年時率同西域諸國客使來貢獻。北匈奴對漢的外交攻勢隨同其對南匈奴的軍事攻勢並行，漢廷的決策仍是守著「安南定北」之計。時爲皇太子的明帝說：

> 南單于新附，北虜懼於見伐，故傾耳而聽，爭欲歸義耳，今未能出

〔註44〕見前註，頁27上。
〔註45〕見前註，頁25下～26上。
〔註46〕見《後漢書》，卷八十九，〈南匈奴傳〉，頁2上。
〔註47〕參見《後漢書》，卷四十五，〈袁安傳〉，頁5下。

兵而反交通北虜，臣恐南單于將有二心；北虜降者且不復來矣！〔註 48〕

其時南匈奴雖受漢之援助，但漢廷也未決策出兵助其攻略北匈奴，故而漢與北匈奴之間尚未明確表現必然爲敵國。但漢廷使南匈奴入居沿邊州郡，給予大量物資援助並設官府監護，態度上自遠親於北匈奴，故北匈奴恐漢助南匈奴出兵，乃不斷發動和親之外交。二十八年時漢廷的外交答覆較前一年略有轉變，酬答之辭爲班彪所主，他的意見成爲此次外交上的決策。綜合而言略有幾點，其一即如前述皇太子所說北匈奴是「懼於見伐」之故而來，其二是安撫南單于則不宜允應北單于之要求，但也不宜堅拒其來使之誠意，即「今既未獲助南，則亦不宜絕北，羈縻之義，禮無不答」，其三是引前漢呼韓邪與郅支之故事爲警例，強烈暗示北匈奴的去向〔註 49〕。雖然這次仍是拒絕了北匈奴所求，但也巧妙地表示了漢廷的外交動向。

此後北匈奴對南匈奴的侵邊行動仍舊，但對漢的外交努力亦不斷，雙方都沒有突破性的進展。直到明帝永平十六年（73）漢廷終於會同南匈奴出兵共擊北匈奴。在此前曾於永平八年（65）有次外交遣使，緣於北單于遣使和親、互市，而明帝有「冀其交通，不復爲寇」的念頭之故。這次是自東漢以來雙方外交活動中，漢廷首度正式遣使的行爲，也因之引起南匈奴的疑懼，於是有須卜骨都侯等密謀叛漢勾結北匈奴；此事未能成功，漢因之而設度遼將軍以防南、北交通〔註 50〕。明帝外交政策之改變，八年遣使，十六年出兵，實與北匈奴勢力之增長有關。「時北匈奴猶盛，數寇邊，朝廷以爲憂」〔註 51〕，故初允遣使談判，但引起南匈奴之密謀，旋即打消此策，又再守著「安南定北」之策，進一步付諸實際行動以出兵北征。

北匈奴的勢力除威脅南匈奴之沿邊八郡外，也大半控制了西域地區。王莽時西域怨叛，匈奴乘機奪回其地之控制權，但西漢以來對該地之經營卻有莫大之影響，故西域各國仍願與漢維持舊日關係，所謂「皆遣使求內屬，願請都護」〔註 52〕。又有建武二十一年（45）車師前王、鄯善、焉耆等十八國遣子入侍的動人場面，「及得見，皆流涕稽首，願得都護」，但光武帝以中國

〔註 48〕見註 46，頁 9 上。
〔註 49〕參見註 46，頁 10 上。
〔註 50〕參見註 46，頁 12 下～13 上。
〔註 51〕見註 46。
〔註 52〕見《後漢書》，卷八十八，〈西域傳〉，頁 1 下。

初定，匈奴在北之故，只有「還其侍子，厚賞賜之」〔註53〕。西域役屬匈奴，東漢初無力也不願往西域發展，到南北匈奴分立時，西域在北匈奴控制中，故明帝初「時北匈奴猶盛」，不但如此，在永平中時，「北虜乃脅諸國，共寇河西，郡縣城門晝閉」〔註54〕。北疆與西域聯成一勢力向南壓迫，又像西漢初的形勢了。

章和二年（88）南單于屯屠何上書臨朝的竇太后，要求乘北匈奴大敗以及單于爭位之時，共同發兵討伐，如此可「破北成南，并為一國，令漢家長無北念」。此即是後來袁安所說「（屯屠何）首唱大謀，空盡北虜」之所指〔註55〕。南單于要求的「破北成南」亦無非是將東漢初以來「安南定北」之策的積極實踐；以南匈奴的立場而言，也是其奉藩稱臣的一貫目的。前面提到班彪在建武二十八年的奏議中，即對此有一些分析，他說南匈奴「數請兵將，歸埽北庭，策謀紛紜，無所不至。惟念斯言，不可獨聽」〔註56〕，可見南匈奴方面是不斷地爭取漢廷的出兵，只是漢廷並未應允。隨著北匈奴勢力之發展，以及永平八年外交之失敗，到「河西城門晝閉」〔註57〕，乃有永平十六年之出征。

從永平十六年至永元三年近二十年的戰爭，北匈奴勢力瓦解，北疆的戰事仍然與西漢相同地牽連到西域的爭奪。《後漢書》中說：「故漢常與匈奴爭車師、伊吾，以制西域焉」〔註58〕，西域各國夾在兩大之間，依違無常，尤以車師、伊吾為門戶要地，便顯現出隨漢與匈奴勢力之消長而服屬不定。永平十六年，漢取伊吾以通西域，車師始復內屬，匈奴遣兵擊之，車師復降服於匈奴〔註59〕，此當為最好之說明。伊吾既當門戶，且地宜耕墾種植，與其北方之柳中皆為膏腴之地，為絕佳的屯田地區，故東漢與匈奴爭伊吾有如西漢時爭車師一樣，成為爭西域之戰最激烈的部份。〔註60〕

東漢對西域之經營，在戰略目標與構想上是承襲西漢，但在實踐上卻遠不如，所謂「自建武至於延光，西域三絕三通」〔註61〕就明顯地表現出來。

〔註53〕參見註52，頁19上。
〔註54〕見註52。
〔註55〕見註46，頁16下～17上。袁安所言，見卷四十五，〈袁安傳〉，頁6上。
〔註56〕見註46，頁10下。
〔註57〕見註46，頁13上、下。
〔註58〕見註52，頁7下。
〔註59〕參見註52，頁26下。
〔註60〕參見管東貴前揭文，頁78～79。
〔註61〕見註52，頁6上、下。但西域之絕實早於建武，當在王莽時。

從王莽絕西域到永平十六年，「西域自絕六十五載，乃復通焉」〔註62〕，此爲初絕至初通。二年後，明、章之際，匈奴與焉耆、龜茲、車師等國聯手反攻，漢在西域敗退，章帝撤出所置官署、罷屯田，「不欲疲罷中國以事夷狄」〔註63〕。而當時國內正值大旱穀貴之年，開邊屯田則致吏民怨曠，於是朝廷有撤退西域的議論。上疏論其事者爲楊終，他認爲自永平以來大獄頗多，以至有司窮考，家屬徙邊，加之北征匈奴，開通西域，「頻年服役，轉輸煩費」，遠屯西域之地，民懷土思，至於怨結邊域。章帝命群臣議論，有第五倫贊成楊終之議，亦有牟融、鮑昱、班固等持異議，楊終再度上書說：

> 秦築長城，功役繁興。胡亥不革，卒亡四海。故孝元棄珠崖之郡，光武絕西域之國。……今伊吾之役，樓蘭之屯，久而未還，非天意也。〔註64〕

章帝採楊終等議而自西域撤退。其時反對「疲罷中國以事夷狄」者的論調與反對竇氏（固、憲）亦有關連，例如馬嚴以爲「竇固誤先帝出兵西域，置伊吾盧屯，煩費無益」〔註65〕。後來竇固北伐之際，郅壽、宋意、何敞等人所議論，多少與反對竇氏之專寵有關〔註66〕。至於章帝本人也與明帝之作風不同，「章帝素知人厭明帝苛切，事從寬厚」，所謂「明帝察察，章帝長者」〔註67〕。在對外方面也不採積極態度，既允北單于之合市，復令南匈奴歸還所掠北匈奴生口等〔註68〕。可知章帝時和、退的政策是有著上述諸多因素的綜合。

明帝初連續三年大舉北征，北匈奴勢力瓦解而西遁，僅有殘餘勢力在西域一帶，不復成爲北疆及南匈奴的威脅；這是「安南定北」以及「破北成南」的完成，剩下來就是漢與南匈奴間的關係。然而在西域一面則又顯見漢廷的退縮政策。當章帝決定撤退西域控制，造成所謂的「二絕」時，唯班超留西域上書，重申「斷匈奴右臂」之策，並分析對西域控制的可能與信心。班超在西域的經營可比張騫而有過之，此爲讀史者所熟知，茲不贅述。東漢西域

〔註62〕見註52，頁2上。
〔註63〕見註52。
〔註64〕見《後漢書》，卷四十八，〈楊終傳〉，頁3上、下。
〔註65〕見《後漢書》，卷二十四，〈馬援傳〉，頁36上。
〔註66〕參見《後漢書》，卷二十九，〈郅壽傳〉，頁22下；卷四十一，〈宋意傳〉，頁23下；卷四十三，〈何敞傳〉，頁30下。
〔註67〕見《後漢書》，卷三，〈章帝本紀・范曄論〉，頁28下。
〔註68〕參見註46，頁10下。

之初通、二通皆成於其手，尤其在章帝時撤出西域，班超僅得徐幹的千人義從之援，會同親漢各國兵以定西域，其爲定遠侯眞實至名歸也，所謂：「出入二十二年，莫不賓從。改立其王而綏其人，不動中國，不煩戎士，得遠夷之和，同異俗之心」〔註 69〕。班超其後在西域之經營，至於「西域五十餘國，悉皆納質內屬焉」〔註 70〕，此又與永元初大破北匈奴的發展有關。

班超經營西域三十一年，永元十四年（102）返國即逝；五年後，漢與西域又告「三絕」。安帝永初元年（107）因西域背叛，遂罷都護而棄西域，以至「後西域絕無漢吏十餘年」〔註 71〕。西域的反叛固與各國的政情有關，亦與北匈奴勢力的反攻有關。此與明帝末時西域局勢相當，北匈奴的勢力應以呼衍王的一支爲主，即如延光二年（123）敦煌太守張璫所言「北虜呼衍王常展轉蒲類、秦海之間，專制西域，共爲寇鈔」〔註 72〕。梁慬、段禧等在西域初叛時曾定龜茲，但因道路阻隔，檄書不通，朝廷以爲「西域阻遠，數有背叛，吏士屯田，其費無已」〔註 73〕，終於決定自西域全面撤退。

撤退西域並不能解決危機。永初六年（107），索班再度領兵屯田伊吾，漢廷進取則有車師前王及鄯善的歸附，但也遭致北匈奴率車師後王的攻擊，索班被攻沒而伊吾失守，漢廷卻不出兵。是時前後漢廷中盛行閉玉門、陽關，放棄西域的論調，此又與羌亂有關〔註 74〕。開關通西域可斷羌、胡的連絡，閉關退守仍不免其寇邊，故而主張進取的議論亦不乏其人；前述敦煌太守張璫即提出三策，其上策即主出擊進取。另有尚書陳忠之論，在於分析武帝進取策略之成功，以及救邊仍不免興役發費（參見第三章，主戰論所敘）。班超之子班勇所論與陳忠相同，並提出恢復校尉、長史等經營西域，又對鐔顯、綦毋參、崔據、毛軫等提出的責難，加以答辯。這些反對朝廷進取者的理由多在於「無益於中國，而費難供也」，班勇以爲若不招撫各國，各國絕望之下必屈就北匈奴，則沿邊受擾，河西將有晝閉之儆。他說：

> 今設以西域歸匈奴而使其恩德大漢，不爲鈔盜則可矣！如其不然，則因西域租入之饒，兵馬之眾，以擾動緣邊，是爲富仇讐之財，贈

〔註 69〕參見《後漢書》，卷四十七，〈班超傳〉，頁 15 上。
〔註 70〕見註 69，頁 14 上、下。
〔註 71〕見註 69，〈班勇傳〉，頁 9 下。
〔註 72〕見註 52，頁 4 上。
〔註 73〕見註 69，〈梁慬傳〉，頁 26 上。
〔註 74〕參見註 72。另見《後漢書》，卷五十一，〈龐參傳〉，頁 6 下、7 上；卷五十八，〈虞詡傳〉，頁 2 上、下。

暴夷之勢也。置校尉者，宣威布德以繫諸國內向之心，以疑匈奴覬覦之情，而無財費耗國之慮也。且西域之人，無它求索，其來入者，不過稟食而已，今若拒絕，勢歸北屬，夷、虜并力，以寇并、涼，則中國之費不止千億，置之誠便。〔註 75〕

班勇所論，精闢宏圖，惜朝廷一時未能採納。直到河西屢遭鈔寇，始用班勇經營西域。自延光二年（123）至順帝永建二年（127）的五年間，北匈奴呼衍王的勢力被逐走，西域「三通」於中國。不過漢廷未恢復都護統治，代之以長史屯田柳中爲基地，較以往偏向東方。其後於永建六年恢復伊吾屯田，則由敦煌、伊吾、柳中成爲此時期經營西域之主軸。此一形勢明顯偏東，雖較易得到中國內地之支援，也因之只能使龜茲、疏勒、于窴、莎車等十七國內屬；而烏孫、葱嶺以西遂絕。〔註 76〕

班勇開通西域後，北匈奴仍企圖奪回失去的勢力，而西域各大國也「自陽嘉（元年爲 132 年）以後，朝威稍損，諸國驕放，轉相陵伐」〔註 77〕。北匈奴之反攻重點在於車師六國，順帝陽嘉四年，漢軍兵援車師後部失利，呼衍王攻破後部。桓帝元嘉元年（151），呼衍王攻伊吾，伊吾司馬毛愷領五百屯軍出戰，全軍戰沒，伊吾屯城受圍，漢軍出敦煌馳援，呼衍王撤退。桓帝永興元年（153）車師後王阿羅多與漢軍駐西域之戊部侯嚴皓不合而叛變，阿羅多後依北匈奴與漢所立之後部王爭位，由於他「頗收其國人」，戊校尉閻詳「應其招引北虜，將亂西域」，乃召撫之爲車師後王〔註 78〕。以上是北匈奴爭西域東部核心的事蹟，以及車師後部的國情。

西域大國于窴在桓帝元嘉二年（152）殺長史王敬，漢竟不能出兵，「于窴恃此遂驕」〔註 79〕。疏勒國之內爭，靈帝建寧三年（170）漢與西域各國兵三萬餘人攻討不下而退，以至於「其後，疏勒王連相殺害，朝廷亦不能禁」〔註 80〕。由上可知桓、靈以後對西域大國的控制力已然大不如前了。故史稱順帝陽嘉以後，漢朝廷在西域的威望逐漸走向下坡，其經營的策略從「三絕三通」來看是退縮與進取的起伏不定，罷都護改設長史也足見其沒有長遠撫

〔註 75〕見註 71，頁 22 下～23 上。
〔註 76〕參見註 52，頁 4 上～6 下。
〔註 77〕見註 52，頁 6 下。
〔註 78〕見註 52，頁 28 下。
〔註 79〕見註 52，頁 10 下。
〔註 80〕見註 52，頁 24 上。

定的打算。及西域有叛，漢廷但求亂事勿擴大，採取防禦性的止亂而已，前言永興元年車師後王阿羅多的事件即可說明，因之「雖有降首，曾莫懲革，自此浸以疏慢矣！」〔註 81〕

漢末至魏晉時期無力顧及西域，可說沒有什麼經營之策。交通往來則斷續不定，雖然《晉書》上說：「四夷入貢者有二十三國」〔註 82〕，但就西域而言，不過五、六國遣使來往，間有遣王子入侍者〔註 83〕。總言之，可如《通典》所載：「自魏及晉，中原多故，西域朝貢不過三數國焉！」〔註 84〕

前言建武時南匈奴即不斷要求漢廷出兵以助成「破北成南」之局，永元

〔註 81〕見註 52，頁 6 下～7 上。

〔註 82〕見《晉書》，卷九十七，〈四夷傳序〉，頁 1 下。

〔註 83〕今將魏、晉時期與西域之交通列簡表如下。

魏晉時期西域交通表

時間	記事	資料
魏延康元年（220）	焉耆、于闐王皆各遣使奉獻。	《三國志》，魏書卷二，頁 2 上。
黃初三年（222）	鄯善、龜茲、于闐王各遣使奉獻。是後西域遂通，置戊己校尉。	《三國志》，魏書卷二，頁 18 上。
太和元年（227）	焉耆王遣子入侍。	《三國志》，魏書卷三，頁 2 下。
太和三年（229）	大月氏王波調遣使奉獻，以調爲親魏大月氏王。	《三國志》，魏書卷三，頁 6 下。
正始元年（240）	焉耆，危須諸國……皆遣使來獻。	《晉書》卷一，頁 22 上。
咸熙二年（265）	康居，大宛獻名馬，歸于相國府，以顯懷萬國致遠之勳。	《三國志》，魏書卷四，頁 39 下。
晉泰始中（265～274）	康居王遣上封事，並獻善馬。	《晉書》卷九十七，頁 8 下。
泰始六年（270）	大宛獻汗血馬，焉耆來貢方物。	《晉書》卷三，頁 6 下。
太康元年（280）	車師前部遣子入侍。	《晉書》卷三，頁 11 下。
太康四年（283）	鄯單國遣子入侍，假其歸義侯（印）。	《晉書》卷三，頁 12 下。
太康六年（285）	龜茲、焉耆國遣子入侍。武帝遣使楊顥拜藍庾爲大宛王。	《晉書》卷三，頁 13 上，卷九十七，頁 7 下、8 上。
太康八年（287）	南夷扶南、西域康居國：各遣使來獻。	《晉書》卷三，頁 13 下。

〔註 84〕見《通典》，卷一九一，〈西戎總序〉（臺北：新興書局，民國 52 年 10 月），頁 1028。

元年（89）大破北單于之際，南單于再積極要求消滅北匈奴。永元三年北匈奴破散，竇憲主張扶立新的北單于未成；此後，漢之北疆即爲對南匈奴之控制了。南匈奴在東漢中晚期以後曾有其內亂以及叛漢之事件。當永元時有單于安國與左谷蠡王師子之爭，先是師子屢攻北匈奴，受知於前單于宣及屯屠何，國人亦皆敬重之，但卻頗遭安國之嫉，而北匈奴屢遭師子所迫，及降附後是爲新降胡，安國遂與此新降胡共謀師子，師子移居往五原界，依漢將皇甫棱之保護，同時稱病不參加龍庭之會，安國甚爲忿恨，復與中郎將杜崇不合，安國上書告杜崇，漢守北疆之諸將反而上書告安國欲與新降胡謀反。此事件初期之結果是，漢發兵備戰，匈奴貴族恐受誅連而殺安國。師子繼立爲單于，新降胡十五部二十萬人反叛，立前單于屠屯何之子逢侯爲單于。逢侯之叛由永元六年（94）至元初四年（117），前後二十餘年，漢廷動用南匈奴、鮮卑、烏桓各族兵會剿始克其功。在這段時期內，檀繼師子爲單于，於永初三年（109）受漢人韓琮鼓動而與烏桓共反，漢遂發兵擊敗降服之。〔註 85〕

新降胡於安帝延光三年（124）復有由阿族所領一部之叛。安國事件係內爭，新降胡在怨恨師子攻掠之仇而與安國合作，逢侯事件則是繼安國之後續。單于檀事件是乘北疆擾動，以及關東災區空乏之際而叛。阿族事件是以連年出塞征討鮮卑，「徵發繁劇，新降者皆悉恨謀畔」之故，但阿族的反叛出走，爲漢軍追擊殆盡。〔註 86〕

漢末南匈奴尚有大的叛變發生。永和五年（140）左部句龍王吾斯、車紐等反叛，並引烏桓、羌等共寇并、梁、幽、冀四州；車紐被立爲單于，其後敗降。漢安二年（143）中郎將馬實募人刺殺吾斯，然則餘黨勾結東羌仍寇邊不已，招撫東羌，並共擊降匈奴叛眾。此下十年間，休屠各胡及南匈奴各部屢有反叛，並與烏桓、鮮卑、羌等寇擾沿邊內外〔註 87〕。到此時一則南單于對其所部之匈奴無法有效地控制，以致常有部眾叛寇，二則漢廷亦加強對南單于之壓力，並嚴督其出兵定亂；而此時北疆之局勢爲烏桓、鮮卑、羌等交錯或並進之擾亂。

南匈奴初附於光武帝時即「願永爲藩蔽，扞禦北虜」〔註 88〕，漢由「安

〔註 85〕以上參見註 46，頁 25 上～26 下。單于檀之叛可參見卷十九，〈耿夔傳〉、卷四十七〈梁慬傳〉。

〔註 86〕參見註 46，頁 26 下。

〔註 87〕參見註 46，頁 30 上～31 下。另參見卷六十五，〈張奐傳〉。

〔註 88〕見註 46，頁 5 上。

南定北」至「破北成南」，則南匈奴入居塞內沿邊八郡，不惟成北疆屏藩，且爲國內生息之民族種部。塞外除北匈奴殘餘勢力出沒外，則爲鮮卑、烏桓擴張之場地，甚至後來代替北匈奴在塞外的勢力，因之南匈奴始終如一地爲藩蔽，執行「扞禦北虜」之重任。當邊患愈烈，漢對南匈奴之督責也愈重，而南匈奴復屢有內亂及叛變發生，漢廷對之的控制也愈嚴。此並行發展的兩線當漢晚季甚爲明顯，南匈奴之臣屬地位大約無異於內郡各地不成其「國」了，而單于政權幾同於漢邊將所轄之各部，唯奉命守邊出征矣！

前述安國單于事件，漢邊將干預其「內政」甚明。出兵征討則「徵發繁劇」，致生阿族之叛亡。左部句龍王之叛，單于及其弟左賢王受迫自殺〔註 89〕。張奐定北邊，曾欲廢立單于〔註 90〕。靈帝光和二年（179），漢將張修擅斬單于，更立右賢王羌渠〔註 91〕。靈帝後天下大亂，南匈奴又復投入內戰之中，隨著上述漢廷對其緊縮之控制，於是到了「建安制」產生之時期。

「建安制」是漢末至西晉時期對匈奴之控制方式，本章開始已說明曹操定此制之情形，除所分居之五部外，其餘匈奴部份移出塞外，這些塞外部族當係攻殺羌渠單于，不受於扶羅之號令而另立須卜骨都侯爲單于者。五部共三萬餘落，而晉初塞外匈奴又陸續來歸，多則二萬餘落，少則萬餘口（詳見前章），這些來歸者應是須卜骨都侯這批部族，其所以來歸也應是受迫於鮮卑，又賴漢物資之故。

《晉書》上說漢末天下動亂，群臣皆以爲「胡人猥多，懼必爲寇，宜先爲其防」，故曹操分立匈奴五部〔註 92〕。可見漢廷亦知邊境動亂與國內政局相關，而自東漢晚季以來已略窺其消息，且已逐漸嚴加壓制。曹操留單于於鄴，並乘勢分立其眾，即第三章中所言「國小權分」之策，甚而更以漢官號以治之。漢末立其部長爲帥，魏末則改爲都尉，晉沿之如故，又於五部之上置漢人司馬監督之。到此漢晉以來對單于政權之破壞可謂正式完成，故匈奴右賢王劉宣說「自漢亡以來，魏晉代興，我單于雖有虛號，無復尺土之業，自諸王侯，降同編戶」〔註 93〕，此言當屬事實，決非只爲憤怨之語耳。

漢晉對單于政權之破壞，就命職設官方面來看，已由逐漸侵奪至凌駕其

〔註 89〕見註 46，頁 28 上。
〔註 90〕見註 46，頁 31 下。
〔註 91〕見註 46，頁 32 下。
〔註 92〕參見註 2，《晉書》。
〔註 93〕見《晉書》，卷一○一，〈劉元海載記〉，頁 2 上。

上的趨勢。匈奴單于地位首次轉變在宣帝時，呼韓邪款塞稱臣，雖然漢廷「寵以殊禮，位在諸侯王上，贊謁稱臣而不名」〔註94〕，但到底與往日單于及漢帝之分庭抗禮不同。不過其政權性質並無改變，南匈奴仍歸單于統其國，猶如分立的兩個天下，元帝時漢使韓昌、張猛與呼韓邪的盟約，可以說明這情勢：

> 自今以來，漢與匈奴合爲一家，世世毋得相詐相攻，有竊盜者相報，行其誅、償其物，有寇發兵相助，漢與匈奴敢先背約者，受天不詳，令其世世子孫盡如盟。〔註95〕

韓昌、張猛雖受朝廷責以擅盟，但元帝並不解盟，可見匈奴單于之臣事於漢，有如兄弟之盟，此決不同於屬國之情形。當武帝時昆邪王來降，漢分降者爲五屬國，以及元鳳三年烏厲屈等來降，漢亦置屬國安置之（參見第四章）。這些屬國等於是歸化者，漢設有都尉、典屬國等官以治之，完全失去其獨立地位。呼韓邪與漢之盟是攻守同盟，而「合爲一家」有如兄弟之約，元帝時王牆復和親，雙方關係至爲親密也頗微妙。以單于政權之獨立自主，復統有匈奴舊地，加上和親之行，則有如漢初之時的雙方關係，只是沒有攻守同盟。單于之地位雖是「臣事」，但有金璽爲「匈奴單于璽」，直如天子所用，不過若從單于對漢廷送侍子來看，「臣事」的意味則更明〔註96〕。此所以呼韓邪之

〔註94〕見註38。

〔註95〕見註38，頁5上、下。

〔註96〕茲據《漢書・匈奴傳》，簡列匈奴入侍表如下：

時　　間	記　　事	頁　碼
甘露元年（前53）	呼韓邪遣子右賢王銖婁渠堂入侍（西單于郅支亦遣子入侍）。	3上
元帝初	（郅支求侍子，韓昌，張猛送呼韓邪侍子）。	5下
成　帝	復株絫若鞮單于遣子右致盧兒王入侍。	11上
鴻嘉元年（前20）	搜諧若鞮單于遣子左祝都韓王入侍。	12下
元延二年（前11）	車牙若鞮單于遣子右於涂仇撣王入侍。	12下
綏和元年（前8）	烏珠留若鞮單于遣子右股奴王入侍。明年，侍子死，復遣子左於駼仇撣王入侍。	13上
元壽二年（前1）	左駼仇撣王隨單于反國，遣其同母兄右大且方與婦入侍，還歸，復遣右大且方同母兄左日逐王與婦入侍。	18下
平帝時	王莽令遣王昭君女須卜居次云入侍。	18下、19上
新	王莽留孝單于（右犁汗王）之二子登、助於長安。	23上、下

前雙方交涉和親始終未成之故，也是匈奴諸王侯反對呼韓邪「臣事於漢」之因；不論漢廷對匈奴之待遇如何，遣送質子即表示稱臣的形式。

當成帝末時，大司馬王根命中郎將夏候藩求匈奴之地，單于回答說：自呼韓邪以來長城以北即屬匈奴，此爲宣帝所承認，故「先父地，不敢失也」〔註 97〕。平帝時單于對漢使復重申政權的有效統治之地，指出宣帝所作之約束爲「長城以南天子有之，長城以北單于有之」〔註 98〕，此即前面所說雙方關係有如漢初，漢初文帝時所說之「先帝制」，乃「長城以北，引弓之國，受命單于；長城以內，冠帶之室，朕亦治之」〔註 99〕。在王莽以前漢待匈奴就抱持著文帝之態度，亦即揚雄所主「不顓制」、蕭望之所論「宜待以不臣之禮」的敵國（詳見第三章），故匈奴雖稱臣，實則完全獨立自主，單于政權並未受到影響。不過匈奴受漢恩是實，漢亦時而展現其約束力。如哀帝建平二年（前 5 年）漢遣使責讓單于還歸烏孫卑援疐所留侍子〔註 100〕，平帝時車師後王與婼羌背降匈奴，漢遣使追斬二王，並造設四條：凡中國人、烏孫、西域諸國佩中國印者、烏桓等亡降匈奴，皆不得受，同時收回宣帝時所作之約束；即僅限於中國來降者不得受。〔註 101〕

漢自宣帝以來對匈奴之約束力至王莽時已發生動搖，隨著而後之動亂，當無法顧及稱臣尊漢，而單于也要自比爲冒頓雄視於北疆了。東漢初的匈奴內亂，呼韓邪故事再度重演，才使漢廷有機會重新控制北疆。

關於漢廷對匈奴之約束力，除去武力經略外，最重要的還在於財貨上的利益。《晉書》上說東漢初之呼韓邪單于入臣於漢，漢使匈奴入居邊郡，又「歲給緜絹錢穀，有如列侯」〔註 102〕。實則財物之利早在西漢初和親之際即爲維持雙方和平的要項，當雙方戰爭及對峙時的交涉，也以此爲談判之要項；前面所列和談交涉表中，單于所說「故約」即包括財物在內。至於北亞洲游牧民族對於財物之需求一向受到研究者的注意，甚至發展成一種理論，用以解釋游牧民族南侵的動機（參見緒論）。南匈奴對財物之需求成爲對漢廷的一種依賴，也正可以說明漢廷能以此做爲其約束力或者控制力。現在且列表以明

〔註 97〕參見註 38，頁 13 上～14 上。
〔註 98〕見註 38，頁 19 上。
〔註 99〕見《史記》，卷一一〇，〈匈奴傳〉，頁 18 下、19 上。
〔註 100〕參見註 38，頁 14 下。
〔註 101〕參見註 38，頁 19 下～20 上。
〔註 102〕見註 2，《晉書》，頁 10 上。

漢廷提供給南匈奴財物的情形，資料以兩《漢書．匈奴傳》爲主：

時　間	記　　　　　事	資　料
甘露三年（前51）	賜以冠帶、衣裳、黃金璽、盭綬、玉具劍、佩刀、弓一張、矢四發、棨戟十、安車一乘、鞍勒一具、馬十五匹、黃金二十斤、錢二十萬、衣被七十七襲、錦繡綺縠雜帛八千匹、絮六千金。又轉邊穀米糒，前後三萬四千斛，給贍其食。	《漢書》卷九十四下，頁3下～4下。
黃龍元年（前49）	禮賜如初；加衣百一十襲，錦帛九千匹、絮八千斤。	《漢書》卷九十四下，頁4下。
元帝初	詔雲中、五原郡轉穀萬斛。	頁5下
竟寧元年（前33）	禮賜如初；加衣服、錦、帛、絮皆倍於黃龍時。	頁7下
河平四年（前21）	復株絫若鞮單于入朝，加賜錦繡繒帛二萬匹、絮二萬斤，它如竟寧時。	頁12上、下
元壽二年（前1）	烏珠留若鞮單于入朝，加賜衣三百七十襲，錦繡繒帛三萬匹，絮三萬斤，它如河平時。	頁18下
建國元年（9）	遣……六人，多齎金帛，重遺單于，……單于多得賂遺。	頁20下
建國三年（11）	賜孝單于安車、鼓車各一，黃金千斤、雜繒千匹、戲戟十，賜順單于黃金五百斤。	頁23上
建國五年（13）	賀烏累若鞮單于初立，賜黃金、衣被、繒帛。	頁26下
天鳳二年（15）	遣……等多遺單于金珍，單于貪（王）莽金幣……。	頁27下
建武二十六年（50）	賜呼韓邪單于冠帶、衣裳、黃金璽、盭緺綬，安車羽蓋華藻駕駟寶劍弓箭黑節三，駙馬二，黃金錦繡繒布萬匹、絮萬斤，樂器、鼓車、棨戟、飲食什器。又轉河東米糒二萬五千斛，牛羊三萬六千頭以贍給之。元正朝賀拜祠陵廟畢，給綵繒千匹、錦四端、金十斤，……賜單于母及諸閼氏單于子及左右賢王……賜繒綵合萬匹。歲以爲常。	《後漢書》卷八十九，頁6下。
建武二十九年（53）	賜南單于羊數萬頭。	頁11下
建武三十一年（56）	丘浮尤鞮單于立，帝遣使者拜授璽綬，遺冠幘、絳單衣三襲，童子佩刀、緄帶各一，又賜繒綵四千匹，令賞諸王骨都侯以下。其後單于薨，弔祭慰賜以此爲常。	頁12上
建初元年（76）	南部苦蝗大飢，稟給其貧人三萬餘口。	頁14上
漢安二年（143）	呼蘭若尸逐就單于立，大鴻臚持節拜授璽綬，賜……給綵布二千匹，賜單于閼氏以下金錦錯雜具軿車馬二乘。	頁30下、31上

由上表看來西漢對南匈奴的賞賜是愈後愈增，所謂「賜禮如初」即甘露三年所賜，黃龍元年已有加賜，竟寧元年則倍於黃龍時所賜，往後則皆有加賜。王莽時所賜應爲除去以往例賜外又有所加，建國三年與五年則爲賀單于新立所賜。東漢建武時除單于例賜外，有「歲以爲常」的元正之賜，又定單于薨慰之賜。此外尚有不定期如賑災所給。

東漢每年供給南匈奴所費達一億九十餘萬，在西域方面達七千四百八十萬〔註 103〕，其所費之鉅難怪南單于說:「臣等生長漢地，開口仰食，歲時賞賜，動輒億萬，雖垂拱安枕，慙無報效之義」〔註 104〕。漢廷所給之財物固可令單于心愧，同樣地可收安撫之效，以至於要依賴這些物資了。永元中有新降胡逢侯之亂，在初起兵時部眾二十餘萬，不及四年就「竄逃入塞者，駱驛不絕」，重要的原因就是因「部眾飢窮」，又遭鮮卑所擊，以後「逢侯轉困迫」，終至降服入塞〔註 105〕。這也說明了南匈奴入塞長期「開口仰食」的依賴性，而一旦脫離這種環境，很難能夠再開基立業的。

漢與匈奴不論在對峙、戰爭、或和平時期，經濟力是展現國力最實在的一面。上表中列出王莽時屢用重金賄賂單于，天鳳二年爲「貪莽金幣」，連改「恭奴善于印」都可接受。故而東漢初光武深知財利之用，也企圖「賂遺金帛，以通舊好」〔註 106〕，但因中國大亂，單于有乘機稱雄，以擺脫「臣事」之志，即使光武是「報命遠屬，金幣載道」，單于則「驕踞益橫，內暴滋深」〔註 107〕。不久，匈奴發生五單于爭立，再度想恢復冒頓時的雄圖終於消失在內爭之中。西漢的財利之用是配合在威勢之下，王莽之失策於前，猶或以薄威重利誘逼之，然其時已見盜寇不已而北邊敗壞。更始時中國復亂之於後，若匈奴無內戰相爭，光武欲靖北疆，則恐非易事了。

匈奴雖臣事於西漢，但單于之政權可說是保持原狀。漢廷的威勢透過使者與經濟力頗能有所約束，然則中國局勢不穩，匈奴則兩利；一利於賄賂之遺，一利於寇邊稱雄。東漢應是鑒之於此，故而在對匈奴的約束上逐漸加強，從約束力進而成控制之；使匈奴中郎將之設置即在此時。

南匈奴除去宣帝時初款塞稱臣外，歷西漢之世皆在塞外故地。東漢時南

〔註 103〕參見《後漢書》，卷四十五，〈袁安傳〉，頁 6 下。
〔註 104〕見註 46，頁 17 下。
〔註 105〕參見註 85。
〔註 106〕見註 46，頁 2 上。
〔註 107〕見註 46，頁 35 上、下，范曄所論。

匈奴則入居塞內，成爲邊郡之種落，有如自治區一般；表面上單于仍行使其統治權，但其政權性質已明顯改變而絕不同於西漢之時。

光武二十六年始置使匈奴中郎將，首任爲段郴，他當時之職權與任務爲漢廷使者，授單于璽綬，並領兵護衛南匈奴入居雲中〔註 108〕。授璽綬如同西漢，表示一種「臣事」的地位，漢廷特派使者或持節爲之，並非中郎將之權責。對中郎將職權之了解，正可以看出單于政權之改變，而隨著中郎將權勢之運用，也正可以看出單于政權之受破壞。

使匈奴中郎將在《後漢書．百官志》中只說「主護南單于，置從事二人，有事隨事增之；掾，隨事爲員」〔註 109〕。從這短短數語實無法得知其詳實，若以其行事來看較易掌握其職權。光武初設時選定「使匈奴中郎將」之名稱，應是受西漢以來之傳統，即西漢時多以中郎將爲匈奴之使，至光武時皆如此，故而正式設立官署也因之，有時亦稱護匈奴中郎將〔註 110〕。光武初設時其職權如下：

> 令中郎將置安集掾史，將弛刑五千人，持兵弩，隨單于所處，參辭訟，察動靜。單于歲盡輒遣奉奏，送侍子入朝，中郎將從事一人，將領詣闕，漢遣謁者送前侍子還單于庭，交會道路。……南單于既內附，兼祠漢帝，……。〔註 111〕

送侍子入朝爲從事，「隨事爲員」的掾史爲安集掾，領有武裝部隊駐守單于庭，可以參與匈奴辭訟之事，並且要「察動靜」，這是監鎭之職，也有護守之責。後來在永元六年（94）新降胡夜襲師子單于，安集掾史王恬即領兵攻破新降胡，故所謂安集掾即安集匈奴之意〔註 112〕。由上可知單于政權到此已非西漢時之受約束而已，東漢已開始實行初步的控制，而單于內附，「兼祠漢帝」，也非昔日之比了。

南單于初內附時與北匈奴攻戰不利，漢廷徙之於西河美稷，中郎將與副校尉也留在西河以保護之，同時設立官府、從事、掾史等。此外，每年由西河長史領兵二千、弛刑五百前往協助中郎將護衛單于，冬屯夏罷。後來南匈

〔註 108〕參見《後漢書》，卷一下，〈光武本紀〉，頁 25 下。

〔註 109〕見《後漢書》，志第二十八，頁 10 上。

〔註 110〕參見前註，另見王先謙，《後漢書集解》，志第二十八，頁 9 下、10 上，集解所言。又見卷五十一，〈陳龜傳〉，集解引《通鑑》胡註，頁 9 上。

〔註 111〕見註 46，頁 6 下～7 下。

〔註 112〕見註 46，頁 22 下。

奴也在緣邊八郡分列諸王侯，「皆領部眾，爲郡縣偵羅耳目」〔註 113〕。中郎將除本身武力外，另有西河郡派出的軍隊爲助，南匈奴本身也有部眾守邊，這種配合頗能抗拒北匈奴之入侵。中郎將成爲南匈奴的保護者地位，當單于死時，還領兵去弔祭，「分兵衛護之」〔註 114〕。有時中郎將可派從事領兵護衛南匈奴出兵，而從事的員額也可以因「有事隨事增之」，例如南匈奴收納降眾至戶口增加，就可以將從事增加到十二人。〔註 115〕

中郎將既是以護衛南匈奴爲主，故而在北疆的各種戰爭也都是其主要職責，南匈奴愈是依賴其保護，則中郎將的權勢也愈大。稍早的安國單于事件，固因其內爭所發，但也與中郎將杜崇不合，杜崇不但可使西河太守壓下單于上告的奏章，又聯合度遼將軍朱徽反告安國單于。安國事件結束後，連帶引起新降胡與逢侯之亂事大起，雖然「後帝知朱徽、杜崇失胡和，又禁其上書，以致反畔，皆徵下獄死」〔註 116〕，但可知單于之受脅制如此。

永初四年（110）單于受漢人韓琮鼓誘而叛，及其乞降時，對中郎將龐雄及度遼將軍梁慬等是「脫帽徒跣，面縛稽顙」〔註 117〕，單于之尊，可謂完全掃地。論及單于之地位，早在光武初降之際即已喪失，時中郎將段郴爲使，前往洽降諸事，史稱段郴「立其（單于）庭」，又記載說：

> 單于乃延迎使者，使者曰：單于當伏拜受詔。單于顧望有頃，乃伏稱臣，拜訖，令譯曉使者曰：單于新立，誠慙於左右，願使者眾中無相屈折也。骨都侯等見，皆泣下。〔註 118〕

此情景完全與西漢時迥異，自然談不到保有獨立自主之政權，而透過中郎將官署，也談不到自治之程度，勉強可說是半自治之政權。而往後是每下愈況，單于之立廢、生殺也可由中郎將擅權而爲。

永和元年（136）當左部句龍王之叛時，中郎將陳龜以單于不能控制部眾而逼迫之，結果單于及其弟左賢王皆自殺；陳龜又打算遷新單于之近親於內郡〔註 119〕。其後陳龜雖坐免，但這些作爲皆足見中郎將之權勢。桓帝時，中

〔註 113〕見註 46，頁 8 下。
〔註 114〕見註 46，頁 12 上。
〔註 115〕參見註 46，頁 19 下～20 上。
〔註 116〕以上參見註 46，頁 23 下。
〔註 117〕見註 85，〈梁慬傳〉。
〔註 118〕見註 46，頁 5 下～6 上。
〔註 119〕見註 89。

郎將張奐平服叛變部族後，也以單于不能統理部眾為由，拘捕單于居車兒，上書更立左谷蠡王，事雖寢息，亦同樣顯示中郎將之權勢〔註120〕。靈帝時，中郎將張修與呼徵（演）單于不合，張修則擅斬之，更立羌渠為單于〔註121〕，張修因擅斬而抵罪，然單于之地位及其政權已遭破壞無遺了。

漢廷除以緣邊州郡與中郎將配合鎮撫外，又設有度遼將軍。初設在永平八年（65），當時特為防南、北匈奴交通之故，而後成為常置〔註122〕。其身份地位與中郎將相當，但純屬軍事上攻防監鎮之單位，不預匈奴之內政，其駐守地在五原，可加強中郎將對於南匈奴之控制。

當永和元年以下，南匈奴的半自治政權只剩下名義上統理部眾之單于，實際上則任由中郎將擺佈，故而漢末「建安制」之成立，並非曹操之變革，只是順其勢、就其實再作一番整理，將虛有其號的單于留作朝廷之「上賓」；居於塞內的殘餘部眾分化成五部，重新加以控制，中郎將則轉換成另一個新的面貌——司馬來監鎮，漢式的官銜都督、帥等就直接加諸於各部之上，匈奴在名實上皆已成為國內的民族了。

隨著「建安制」之成立，使匈奴中郎將由司馬代替，但到魏明帝太和五年（231）又恢復為中郎將〔註123〕，名稱改用「護匈奴中郎將」。曹魏時出任此職可考者五人，皆為并州刺史兼職，同時有使持節或假節之號，在太和五年前，有二人出任刺史，但兼職與持節則不可考〔註124〕，持節乃沿襲東漢之

〔註120〕見註 90。史書張奐為「北中郎將」，恐誤。可參見袁宏，《後漢記》，卷二十二（臺北：臺灣商務印書館），頁 265，張奐正為中郎將。

〔註121〕見註 91。

〔註122〕見註 46，頁 13 上、下。

〔註123〕參見《三國志》，〈魏書〉，卷三，〈明帝紀〉，頁 7 下。

〔註124〕見於《三國志》，〈魏書〉者三人，正始初為田豫，卷二十六，頁 10 上；正始中為陳泰，見卷二十二，頁 9 上；正始末為孫禮，見卷二十四，頁 18 上，《晉書》中可見者二人。魯芝見卷九十，頁 2 上，石鑒見卷四十四，頁 10 上。另可參見洪飴孫，〈三國職官表〉（臺北：臺灣開明書店，二十五史補編，第二冊），頁 2803，其中記陳泰為青龍中出任、有誤。萬斯同有〈魏方鎮年表〉（二十五史補編，第二冊），頁 2617～2624，列出正始以前之并州刺史梁習與畢軌二人，梁習太和二年入為大司農，當不兼領中郎將，但其治理并州則控制匈奴如故，史稱「單于恭順、名王稽桑，部曲服事供職，同於編户」，見《魏志》，卷十五，頁 7 下。畢軌之出任刺史，萬斯同繫於太和五年至正始元年。據《魏志》，卷九，〈曹爽傳〉註引〈魏略〉，頁 24 上所載其出任於刺史於明帝初，當為接太和二年梁習之任，但未明言是否於五年復置中郎將時兼領之，又史稱其正始中離職，而田豫之任刺史則在正始初，其間當有誤。

制，并州刺史兼職爲其時之特色，蓋「建安制」完成後，匈奴五部已在并州境內爲五部之族民，也就是與國內地方上之編戶齊民無異。

晉承魏制以刺史領中郎將，不過軍事上又有監軍事、都督軍事等設置〔註 125〕，這些設置對北疆之控制與魏時並無二致，重要的是晉室內亂而不暇自顧，胡兵大量投入內戰之中，北疆局勢之動盪則終不可免。同樣地烏桓、鮮卑、東夷、西戎等校尉也多由刺史兼領，其用意與控制匈奴一樣，都要作爲國內的民族問題來治理，因之這些民族的參與動亂不再是單純的外患侵擾，而是中國內部動亂不可分的一部份了。

〔註 125〕關於西晉時并州刺史領中郎將，以及監軍事，都督軍事等，可參見萬斯同，〈晉方鎮年表〉、秦錫圭，〈補晉方鎮表〉、吳廷燮，〈晉方鎮年表〉等（二十五史補編，第三冊），頁 3385～3451。

第六章　漢晉之夷夏觀與民族關係

第一節　試析漢晉之夷夏觀

永嘉之禍致西晉淪亡，此後即爲「五胡亂華」之時代，延至北朝時期約三百年間，北方幾盡爲胡人天下；國史中胡漢民族之融合與衝突，此其間爲時較久也較劇烈。永嘉之前胡族已漸次入居塞內，且經歷漢晉以來長時期之發展，就廣義的北疆來看，胡族遍佈緣邊州郡，又多與漢人雜居，大部份早已成爲國內的民族問題，餘居塞外周邊者，其活動也與邊郡息息相關，故就國防、內政上而言，胡族在漢晉以來即與內外動亂有著密切關連。就內附各族而言，則中央與地方的民族政策以及行政措施與之直接相關，也可以民族感情概括言之，民族感情首在彼此之觀念以及對待之態度，此即所謂夷夏觀之探討。

夷夏觀念本爲中國歷史之傳統觀念，隨時代不同而有不同之表達方式與內容，漢晉這一段的歷史，大量胡族長期入居的情形，爲此時期之特色與歷史上的重要問題，而西晉淪亡至隋唐統一之間，胡人勢盛於中國半壁之北方，胡漢民族之地位與漢晉時相反；民族間的互動關係可以說是構成這兩大時段歷史發展的重要一環。故而漢晉之夷夏觀既接承先秦，復有此時期歷史上之意義。永嘉之禍致漢族政權亡於匈奴，而匈奴於兩漢時被擊潰臣服於中國，前後頗有倒置。

司馬遷與班固在《史》、《漢》之〈匈奴列傳〉中，最具體地寫出對這民族概括之全貌，其夷夏觀念也成爲傳統之看法，除去對生活習俗與環境之描述外，如史記上說「急則人習戰攻以侵伐，其天性也」，「利則進，不利則退，不羞遁走；苟利所在，不知禮義」〔註1〕。《漢書》上說：「夷狄之人，貪而好利，被髮左衽，人面獸心」，「是故聖王禽獸畜之，不與約誓，不就攻伐」〔註2〕。班、馬皆以匈奴有好利的天性，但司馬遷雖說匈奴唯利是圖，然其好戰的天性主要還是物資缺乏之故，而班固根本就說夷狄即是禽獸，看來班固主觀的觀念甚強。班、馬二人的觀點在先秦時就可看到，諸如貪淋之犲狼、禽獸之類，也就是「非我族類，其心必異」之故〔註3〕，其實這個「其心必異」簡單地說是指當時夷狄非華夏民族，沒有相同之文化，故而在思想、觀念各方面必然有異，決無整個民族都是禽獸之行的道理；然則漢晉時期持這類看法者卻大有人在。

今暫不析論班、馬所述之匈奴民族，且看看漢晉時期夷夏觀方面之資料，並整理歸納如下，另略加疏解。

一、直接以夷狄為禽獸

漢初冒頓單于致書呂后，言辭倨傲不遜，當廷議對策時，季布主忍讓為國，並舉平城之危為戒，以夷狄乃禽獸；得其善惡之言不足為喜怒〔註4〕，結果呂后乃屈辭以報，雙方未生戰爭。元帝時珠崖反叛，漢廷有意出征，賈捐之以為不當出擊，他指出南蠻之人與禽獸無異，「父子同川而浴，相習以鼻飲」，其民「譬猶魚鼈」，故而棄之不足惜，不擊不損威。他說「求之往古則不合，施之當今又不便」，往古是「欲與聲教則治之，不欲與者不疆治也」，當今是指武帝伐匈奴的疲弊中國，而關東久困，民眾流離；南蠻水土惡毒，征伐不易，故而「非冠帶之國，禹貢所及，春秋所治，皆可以無為」。賈捐之所言得到丞相于定國之支持，漢廷乃打消南征之念〔註5〕。東漢和帝時，竇憲議征北匈奴，魯恭反對擾動天下以事夷狄，他說：「夫夷狄者，四方之異氣也，蹲夷踞肆，與鳥獸無別」，故而不宜雜居中國；聖王應是羈縻不絕，修仁義以來之。他又指出乘匈奴衰困而出兵是「非義之所出」，永平年間祭彤出征之獲罪，西域攻殺都護陳睦等事件，都是因夷狄所致；而且徵發迫急，

〔註1〕見《史記》，卷一一〇，〈匈奴傳〉，頁1下～2上。
〔註2〕見《漢書》，卷九十四下，〈匈奴傳下〉，頁32上。
〔註3〕參見第二章，〈論上古的夷夏觀〉。
〔註4〕參見《漢書》，卷九十四上，〈匈奴傳上〉，頁10下。
〔註5〕以上參見《漢書》，卷六十四下，〈賈捐之傳〉，頁14下～18上。

民間遭害，則「中國不為中國，豈徒匈奴而已哉？」但魯恭所言並未被接受〔註 6〕。東漢經營西域功績卓絕的班超，當其晚年曾對接任的西域都護任尚說：「蠻夷懷鳥獸之心，難養易敗」，故而治理之原則是「寬小過，總大綱而已」，任尚以為其言平平，後來治理西域終至失敗〔註 7〕。桓帝時羌人連年叛亂，皇甫規、張奐等不能底定羌亂，段熲乃獻策於桓帝，他說羌人是「狼子野心，難以恩納，勢窮雖服，兵去復動，唯當長矛挾脅，白刃加頸耳！」根據他的分析是有底定的把握，漢廷相當支持其主戰之策〔註 8〕。西晉初年，傅玄上書五事，其論安邊之策中說：「胡夷獸心，不與華同，鮮卑最甚。……然獸心難保，不必其可久安也」，他主張徙民實邊以抗衡胡夷之勢，後來是「不盡施行」。〔註 9〕

上面所舉的例子中，季布與賈捐之分別指北、南的匈奴與珠崖，然皆視為禽獸則無異，他們所言得到朝廷之同意，主要是分析當前形勢中肯之故。季布所說的平城之戰是朝臣無一能反駁者，也是朝臣無一敢負戰爭之後果的。賈捐之時南匈奴呼韓邪已附漢，郅支單于在西域，北疆形勢可稍事休息，正是「欲與聲教則治之，不欲與者不彊治也」。由中國出兵征伐往南蠻水土險惡之地，是事實上的困難，而元帝之前的鹽鐵議論，朝中批評武帝之政者大有人在，疲弊中國以事外夷非元帝所欲，當時關東連年災害才是朝廷為政之要〔註 10〕。這些現實的問題，才使得夷狄為禽獸可棄之不顧更為自然之理了，何況漢與匈奴可對峙相當，而珠崖之亂則不足予利害。

魯恭反對出征北匈奴與賈捐之所說類似，大體是西漢以來主和論者的主要論調，也帶有分別內外的論點；主張修仁義而羈縻之。當時朝中竇氏權勢最盛，自非魯恭所能敵，而東漢對北疆的政策是「安南定北」，故有永平以來配合南匈奴的出擊，和帝初北匈奴衰困，正是完成自東漢以來的政策，而不是「非義之所出」了。段熲所言是認定用武力來「收拾」如禽獸之羌人；羌人之患是東漢長期的問題，故而應付之策多有不同，段熲是防、讓、伐三策

〔註 6〕以上參見《後漢書》，卷二十五，〈魯恭傳〉（臺北：藝文印書館），頁 8 下～10 上。
〔註 7〕參見《後漢書》，卷四十七，〈班超傳〉，頁 18 下～19 上。
〔註 8〕參見《後漢書》，卷六十五，〈段熲傳〉，頁 23 上、下。
〔註 9〕參見《晉書》，卷四十七，〈傅玄傳〉，頁 6 上、下。
〔註 10〕元帝時注重關東災害，切責丞相、御史大夫事可參見《漢書》，卷七十一，〈于定國傳〉，頁 7 上。

中堅決主伐的代表，但終亦不能如其所言而解決之〔註 11〕。傅玄所論是防範胡人之獸心，移民實邊也是兩漢以來的老調，這與徙戎論一樣有其實際上執行之困難，無法也無暇實行。至於班超所說確爲言簡意賅，其治理西域之經驗盡在此數語之中。如果由西域各國國多又自立爲政，加上匈奴之誘迫，政情相當複雜的一面來看，「難養易敗」是眞；至於說鳥獸之心，語雖輕賤，實在於不得疏忽其情之意。

二、以夷狄爲困卑彊逆以及畏服強權

元帝時陳湯與甘延壽欲立奇功於西域，陳湯即以爲「夷狄畏服大種，其天性也」，主張以屯田兵強迫西域各國共同突襲西單于郅支；其冒險結果獲得成功〔註 12〕。東漢章帝末時，北匈奴爲鮮卑所破，南匈奴請漢出兵攻擊北匈奴，同時有返回漠北之圖，宋意上書諫止。他以爲夷狄之匈奴是強則爲雄、弱即屈服，沒有禮義、上下之分，故不宜助南匈奴壯大而返回漠北，有慮其後難制之意。同時又主張接納北匈奴爲外藩，臨朝的竇太后雖納其議，但未接受北匈奴〔註 13〕。安帝末時，北匈奴與車師連年入寇河西，朝廷有閉關（玉門、陽關）自守之議，尚書陳忠指陳利害，引漢武故事來說明戎狄之族可以威服而難以化狎，主張效漢武通西域之策；而後遂有班勇的西域之經營。與宋意看法相同以爲匈奴有困卑彊逆的天性的是侯應，他在元帝王昭君和親時提出十項重要的邊策議，當時郅支單已敗亡，漢廷復極力拉攏南單于，故「單于驩喜，上書願保塞……」，請漢罷邊塞使士卒休息。侯應上書諫止，其中重要的一個觀點即他對夷狄困順彊逆天性之了解〔註 14〕。同樣地看法還有曹魏時之鄧艾，他說：「戎狄獸心，不以義親，彊則侵暴，弱則內附」，故宜「離國弱寇」分化之，又主張徙戎之說。〔註 15〕

認爲夷狄的畏服強權，不能以仁義文德召來之，這都是主戰論調或分化論的重點。比武尚力可令其畏服的說法，恐怕不只夷狄如此，若借漢武的歷史經驗來看，固能以武力擊破匈奴，但雙方損失也相當。宣帝時匈奴之款塞

〔註 11〕關於西羌問題，可參見管東貴，〈漢代處理羌族問題的辦法的檢討〉，《食貨月刊》，復刊第二卷第三期（臺北：食貨月刊社，民國 61 年 6 月），頁 1～26。
〔註 12〕參見《漢書》，卷七十，〈陳湯傳〉，頁 8 上～11 上。
〔註 13〕參見《後漢書》，卷四十一，〈宋意傳〉，頁 24 下。
〔註 14〕參見《漢書》，卷九十四下，〈匈奴傳下〉，頁 7 下～9 下。
〔註 15〕參見《三國志》，〈魏志〉，卷二十八，〈鄧艾傳〉，頁 7 上～10 上。

稱臣，是雙方國力長期競爭之結果，也不是軍事上之勝敗為唯一的解釋。所謂畏服、屈服、困卑等，以漢初之歷史來看，平城之圍、呂后之辱；漢的和親政策不也正是如此！

陳湯的西域冒險的確有過人膽識，當時匈奴勢弱，西域經營已具基礎，都護與屯田兵為其後盾，這本是武帝以來的國防構想；東漢時的陳忠即深明此理，故而他有通西域的擴張議論。宋意、鄧艾與侯應所見略同，都有防範之意，宋意不主張北疆有強藩，以免縱虎歸山，又復引納北匈奴，有分化制衡之圖；而鄧艾之分化控制更是如此。宋意又主張接納北匈奴，不久為竇憲在擊破北匈奴時，幾乎就要實現，但隨著竇氏之敗而告消失〔註 16〕。宋、鄧二人主張留南匈奴於塞內，終魏晉之世皆如此，應該是見於西漢使匈奴返漠北故地，又復造成北疆強國，驕逆於兩漢之際的教訓，故而宜嚴加控制於國內。這種看法一方面是東漢以後至魏晉時期朝廷的政策，逐步由約束到控制；必欲使其弱以防止匈奴之彊逆，一方面也影響到徙戎論之無意實行。至於侯應所說主要在安不忘危的考慮，他其餘九條的議論，剖析利害，精闢入理，無怪乎班固全錄之於《漢書》中，不過所論多在於防患之慮，未言及積極安撫之策。

三、以夷狄有貪圖財利之天性

貪圖財利往往被視為禽獸之行的要件，早在先秦時戎狄即被視為貪得無厭之豺狼。武帝初議伐匈奴，主父偃即引據秦與漢初之弊，不主攻伐，認為匈奴寇邊驅盜為業是其天性如此，自古即以禽獸對待而不比之為人。這種以胡人有寇盜之天性與東漢時班彪之視烏桓相同〔註 17〕。東漢光武時，積極主伐的臧宮與馬武，他們在上書中指出匈奴是貪利、無禮信，故窮則稽首，安則侵盜，漢廷不宜固守文德而墮武事。在接著提出的征伐構想中，要聯合東方高句驪、烏桓、鮮卑，以及西方之羌胡來夾擊，用「厚懸購賞」之法來達成「以夷攻夷」之目的〔註 18〕。類似的說法在漢末靈帝時，當時已盛用胡兵作戰，應邵對召募鮮卑之策提出反對。他以為鮮卑貪暴，不守信義，有如犬羊之群，其所以與漢尚維持和好是因互市之利，貪求中國之珍貨而非畏威懷

〔註 16〕參見《後漢書》，卷八十九，〈南匈奴傳〉，頁 18 上、下。

〔註 17〕參見《漢書》，卷六十四上，〈主父偃傳〉，頁 17 下～19 上。班彪部份參見《後漢書》，卷九十，〈烏桓傳〉，頁 5 上、下。

〔註 18〕參見《後漢書》，卷十八，〈臧宮傳〉，頁 23 下。

德，且就以往用鮮卑兵作戰來看，其多求貪賞，往往難以控制，嚴加裁制則作亂，稍有舒緩則掠貨，故而與其賞募鮮卑不如厚募守善不叛的羌胡〔註 19〕。不只漢人以爲夷狄有貪利的天性，胡族彼此間也有同樣地說法。當五胡亂華之際，遼西鮮卑段遼詐降於石季龍，私下又與慕容皝輸誠，他說：「胡貪而無謀，吾今請降求迎，彼終不疑也，若伏重軍以邀之，可以得志」〔註 20〕。胡人貪利似爲眾人所知，於是認爲以利賂誘可以「收買」諸胡。漢晉以來用財利作爲對付夷狄的手段，常成爲其政策中重要的一環。

漢代之邊策議論中，不論主和或用夷之說，都附帶要用財利來配合實行；前面說到的宋意、臧宮、馬武、應邵亦皆主財利之運用。下面還有一些資料：東漢初祭肜守邊，以財利誘招鮮卑大都護偏何，使其攻伐匈奴，「其後歲歲相攻，輒送首級受賞賜」，其餘小國前來上貢，「（光武）帝輒倍其賞賜」〔註 21〕。在對付西羌之時，張掖太守鄧訓用賞賂離間諸種，而後貫友也用財貨構離諸種，耿譚、吳祉等無不以購賞金帛來召撫〔註 22〕。財利定期的花費，鮮卑與烏桓是每年各達二億七千萬〔註 23〕，比南匈奴定額歲給一億九十餘萬，以及西域的七千四百八十萬還要多出倍餘〔註 24〕，其他不定時之賞賜、賂遺尚不在其內，可見沒有龐大的財力作後盾，是無法應付這種局面的；這些在前章中已有論述。此外，通市也有財利的滿足，但究竟是種互利的行爲，在此暫且不論。東漢至魏晉大量召募胡兵作戰，對外以夷攻夷自須賂賞，對內爭戰亦不例外，北方有所謂「深加獎勵，要許重報，是以所募感恩利賞，遂立績效，功在第一」〔註 25〕，南方也有「資重幣以誘群蠻」之舉。〔註 26〕

天性好利是漢人看到夷狄寇邊掠奪，財貨可以引誘這些現象而得到的觀念，通常不會去深究其背後的經濟特性，及其政治意識，這在國內、外研究游牧民族南侵的動機時，都有很廣泛地討論。游牧君長的普遍王權觀念與其權力的絕對化，可說明政治方面之意識，以掠奪爲生產方式以及貿易之需求，

〔註 19〕參見《後漢書》，卷四十八，〈應劭傳〉，頁 14 下～15 上。
〔註 20〕見《晉書》，卷一〇六，〈石季龍載記上〉，頁 13 上。
〔註 21〕參見《後漢書》，卷二十，〈祭肜傳〉，頁 17 上。
〔註 22〕參見《後漢書》，卷八十七，〈西羌傳〉，頁 19 上。
〔註 23〕參見《後漢書》，卷九十，〈烏桓傳〉，頁 3 下、〈鮮卑傳〉，頁 9 下。
〔註 24〕參見《後漢書》，卷四十五，〈袁安傳〉，頁 6 下。
〔註 25〕見《晉書》，卷四十八，〈段灼傳〉，頁 8 下。
〔註 26〕見《晉書》，卷五十四，〈陸機傳〉，頁 3 下。

可說明經濟方面之特性。〔註 27〕

四、其他各種觀點

首先看漢初力倡以夷制夷的賈誼，他說：「凡天子者，天下之首，何也？上也；蠻夷者，天下之足，何者？下也。」〔註 28〕這種看法賈誼也未說明有何根據。同樣地還有杜欽，他說日蝕地震是因爲陽微陰盛之故，臣爲君之陰，子爲父之陰，妻爲夫之陰，夷狄則爲中國之陰，若夷狄侵中國，或政權在臣下，或婦乘夫，或臣子背君父等，事雖有不同，但其類則一〔註 29〕。賈、杜二人之看法恐怕都是想當然耳之說。不過賈誼是爲了要說明漢受匈奴之迫，有如足居首上的倒懸之勢；杜欽則是應蝕震而舉的賢良方正之詔，寓勸戒之意的流行說法。

當武帝通西南夷時，司馬相如有篇很長的議論，他的說法是夷狄爲政教未加、人跡罕至之地，不必弊中國以事之；仁者不以德來，強者不以力并，總之是「天子之於夷狄也，其義羈縻勿絕而已」〔註 30〕。這種說法就是兩漢的「分別論」之類，認爲中國與夷狄是不同的天下，各自治理，「外而不內，疏而不戚」，「不顓制」，羈縻不絕，可待以不臣之禮等；其代表有班彪、固父子、揚雄、蕭望之等（參見第三章所論）。荀悅在《後漢紀》中，特別將淮南王、杜欽、揚雄等人之議綜合敘述，因爲他們都以爲中國與夷狄「此天地所以分別區域，隔絕內外也」〔註 31〕。其中班固直指夷狄爲禽獸外，其餘諸人頗有對待如敵國之意。

荀悅批評蕭望之待附漢的南匈奴於敵國之議，他說：

> 春秋之義，王者無外，欲一於天下也，書曰：西戎即序，言皆順從其序也。道理遼遠，人物介絕，人事所不至，血氣所不沾，不告諭以文辭，故正朔不及，禮義不加，非導之也，其勢然也。王者必則天地，天無不覆，地無不載，故盛德之主則亦如之，九州之外，謂

〔註 27〕有關的討論可參見陶晉生，《邊疆史研究集——宋金時期》（臺北：臺灣商務印書館，民國 60 年），頁 1～15。蕭啓慶，〈北亞游牧民族南侵各種原因的檢討〉，《食貨月刊》，復刊第一卷第十二期（臺北：食貨月刊社，民國 61 年 3 月），頁 1～11。

〔註 28〕見《漢書》，卷四十八，〈賈誼傳〉，頁 12 下。

〔註 29〕見《漢書》，卷六十，〈杜欽傳〉，頁 9 上、下。

〔註 30〕參見《漢書》，卷五十七下，〈司馬相如傳〉，頁 4 下。

〔註 31〕參見荀悅，《前漢紀》，卷十五（臺北：臺灣商務印書館），頁 154～156。

> 之藩國，蠻夷之君，列於五服。詩云：自彼氐羌，莫敢不來王，故要荒之地，必奉王貢，若不供職，則有辭讓，號令加焉，非敵國之謂也，故遠不間親，狄不亂華，輕重有序，賞罰有章，此先王之大禮，……望之欲待以不臣之禮，加之以王公之上，僭度失序，以亂天常，非禮也。若以權時之宜，則異論矣！〔註 32〕

荀悅所論是以漢族爲中心的傳統天下觀，他既知夷夏之分乃「其勢然也」，這個現實又與其所秉持「王者無外」的理想有衝突，周漢以來所建構的服制是蠻夷之君，列於五服，不承認其爲敵國；也沒有不臣之禮的。可知荀悅的天下觀是「溥天之下，莫非王土，率土之濱，莫非王臣」式的〔註 33〕。蕭望之則抱著如漢文帝給單于書信中所稱的「先帝制」，即「長城以北，引弓之國，受命單于；長城以內，冠帶之室，朕亦治之」〔註 34〕的兩個不同之天下觀，這是根本不同的「分別論」，不會是「權時之宜」的。

主張「分別論」者是以羈縻不絕爲政策，但在夷夏之分的觀念上以及羈縻的方式上又有所不同。賈捐之、魯恭、袁安、班固、傅玄等皆以爲夷狄是禽獸之類，除去主張不宜征伐外，袁安還主張應該遷南匈奴返歸故地，不宜永安內地〔註 35〕。班固則根本主張「不與盟誓」，連外交關係亦不必談，完全分別不理。傅玄是反對胡族入居內地者，爲防止胡族在邊郡之勢力，宜用徙民實邊之法來抗衡之。像司馬相如、淮南王、揚雄、蕭望之等，都傾向於待夷狄如敵國，並不以輕視的態度來看，他們認爲夷夏之民稟性不同，文化風俗有異，既有內外之別，則羈縻而已。基本上他們也主張「外而不內」，不便硬置之於理想中的王臣之屬，故而沒有荀悅那種理想情結。

東晉的袁宏在《後漢書》中有兩段意見也談到夷夏之別，他說自古分內外夷夏，是因稟性文化之異，不必要御而制之，治內不務於外，故對夷狄羈縻而已。他的分別夷夏一方面批評班超之功是無益於中國，爲王道所不取，一方面批評使胡族入居內地是亂大倫、違天性的措施，所以他說「六夷之有中國，其漸久矣！」〔註 36〕五胡亂華而西晉淪亡，袁宏之論乃深有所發。他的兩篇議論是記述明帝永平元年徙西羌於三輔之地，以及和帝永元十六年班

〔註 32〕見前註，頁 206。
〔註 33〕見《毛詩正義》，〈北山〉，卷十三之一，頁 19 下。
〔註 34〕見註 1，頁 18 下～19 上。
〔註 35〕參見註 24。
〔註 36〕參見袁宏，《後漢紀》，卷九、卷十四（臺北：臺灣商務印書館），頁 106、176。

超告老返國之時而表示的意見。班超之西域經營有如西漢張騫一樣，是漢廷擴張政策之下的產物，也是北疆戰略中的一環，所謂「斷匈奴右臂」的積極行動。武帝以來始終維持對西域之經營，至王莽時形勢始有轉變，西域怨叛而中國多事。到東漢明帝時再度打通隔絕六十五年的西域經營之路，但章帝時「不欲疲弊中國以事夷狄」，又由西域退撤。和帝時再度展開前進，班超之經營即在此時，可知東漢初對西域之行動不如西漢之積極，也進退不定。班超以後和帝初時，北匈奴控制西域，邊患日劇之際，漢廷有閉玉門、陽關的閉關議論，如此則完全放棄西域。前面提到的尚書陳忠，他分析武帝之北疆戰略與西域經營之關係，同時指出放棄西域之危機，朝廷遂納其議，乃復有班勇之前進西域〔註 37〕。袁宏之見與東漢撤退西域的主張相同，有閉關自守隔絕夷狄之意，這與他反對羌人入居三輔的看法一致；夷夏自然有別，當以內外分之，中國宜治內而不治外，對外則羈縻之而已。

上面舉出漢晉時期最具代表的幾種夷夏觀，大部份的看法是帶有輕視的眼光，雖然都認爲夷夏有別，但其間主觀地認定要比事實客觀的承認佔大多數。輕視的眼光是基於種族或文化的，或者兩者皆有？都沒有詳細的分析，如此易流於接受傳統之說法與表面的現象來認定，不過議論者往往能分析夷狄的民族特性以及夷夏之形勢，故而頗能就現實利弊立論，不完全受到其主觀之夷夏觀的影響。

以夷夏觀爲基礎提出政策性的議論，可表現出多種形態來。如東漢對羌之政策中，段熲與張奐都以爲羌人難以服從，但前者主兵威攻服，後者主修文戢戈以招降〔註 38〕。同樣認爲夷狄畏服強權者，陳湯與陳忠都主張進取攻戰，而宋意與鄧艾皆主張分化。以爲夷狄貪利好財，主父偃主張羈縻，臧宮、馬武則主張攻伐。強調夷夏有別，揚雄說「不顓制」，蕭望之要視如敵國，荀悅則認爲「王者無外」。可知同樣的夷夏觀並不必然地有同樣的議論。

賈誼雖然有上下倒懸的說法，但他提出的政策重在「用夷」之計劃，其中有財利引誘的構想，這是利用敵人可能的弱點而設計，並不強調其天性之好利〔註 39〕。運用經濟力量是漢族之優勢，也成爲漢晉以來對其他民族的重要政策，應該是無關於其天性的。至如鼂錯的「用夷」則更能注重事實，分

〔註37〕東漢初與西域之關係，參見《後漢書》，卷八十八，〈西域傳〉，頁 1 上～4 下。

〔註38〕參見註 8。

〔註39〕參見《新書》，〈匈奴事勢〉（臺北：臺灣商務印書館，四部叢刊初編），頁 31 上、下。

析夷夏之長短，更無關於強調夷夏觀之類了〔註 40〕。賈誼、鼂錯二人在漢初所倡之「用夷」論，佔了漢晉對夷狄政策的重要部份，但並不如後來必強調夷夏觀而用夷，應該是種重視客觀與事實的見解。

主張夷夏分別之論，有漢文帝分別天下配合和親的政策，以及揚雄、蕭望之的羈縻見解，也有魯恭以夷狄爲禽獸的羈縻觀點。另外又有強調「徙戎」的看法，袁安與鄧艾是分化與徙戎並行；西晉時郭欽則徙戎與移民實邊並行〔註 41〕。至於江統之徙戎論，析論頗詳，一面強調夷狄之貪婪凶悍、弱服強叛等天性，認爲「非我族類，其心必異」，故宜守著「內諸夏而外夷狄」之訓；一面又指出關中人口乃戎狄居半，以及并州匈奴之人口盛於西戎的現勢等〔註 42〕。魏晉時徙戎之論自有其歷史發展與當時環境之背景，由兩漢以來胡族不斷入居，造成與中國內外之動亂有密切之關連，而徙戎論之未能實現，也與其客觀環境與歷史因素有關〔註 43〕。要言之，當時的問題已不是夷夏內外之分，而是國內的社會與民族問題了。故而《晉書》對徙戎論之評語是：「徙戎之論，實乃經國遠圖，然運距中衰，陵替有漸，假其言見用，恐速禍招怨，無救於將顛也」！〔註 44〕

永興元年（304）劉淵受擁爲漢王，發表了一篇文告：

> 昔我太祖高皇帝以神武應期，廓開大業，太宗孝文皇帝重以明德，升平漢道，世宗孝武皇帝拓土攘夷，地過唐日，……是我祖宗道邁三王，功高五帝。……賊臣王莽，滔天篡逆，我世祖光武皇帝，誕資聖武，恢復鴻基，……曹操父子，凶逆相尋，故孝愍委棄萬國，昭烈播越岷蜀，冀否終有泰，旋軫舊京，何圖天未悔禍，後帝窘辱。自社稷淪喪，宗廟之不血食四十年于茲矣！今天誘其衷，悔禍皇漢，使司馬氏父子兄弟迭相殘滅，黎庶塗炭，靡所控告，孤今猥爲群公所推，紹脩三祖之業，……但以大恥未雪，社稷無主，銜膽栖冰，勉從群議。〔註 45〕

這篇文告中充分表露出身爲匈奴之劉淵是認同於漢族的，漢皇帝都加稱「我」

〔註 40〕參見《漢書》，卷四十九，〈鼂錯傳〉，頁 9 上～16 下。

〔註 41〕參見《晉書》，卷九十七，〈北狄傳〉，頁 11 下。

〔註 42〕參見《晉書》，卷五十六，〈江統傳〉，頁 1～4 下。

〔註 43〕參見郭少棠，〈徙戎平議〉，《新亞學術年刊》，第十三期（香港：新亞書院，1960 年 9 月），頁 264～299。

〔註 44〕見註 42，頁 7 下。

〔註 45〕見《晉書》，卷一〇一，〈劉元海載記〉，頁 4 上、下。

於前，成爲「我祖宗」，漢武攻伐匈奴也成爲「攘夷」，王莽、曹操、司馬氏皆成爲篡逆之臣，劉備奉爲烈祖，與太祖高帝、世祖光武帝，是所謂「紹脩三祖之業」。接著追劉禪爲孝懷皇帝，立漢高祖以下三祖五宗神主而祭之，儼然成爲漢室劉家的繼承人。

當劉淵稱漢王前，受到以劉宣爲首的勸進，其時他已有所打算，即使不能成高祖之業，也可爲曹魏之事，至少可成蜀漢的局面。他認爲「大禹出於西戎，文王生於東夷，顧惟德所授耳」，夷夏之防爲其化解。又以公天下乃有德者居之，如此當可接受推戴，而且他說：「吾又漢氏之甥，約爲兄弟，兄亡弟紹，不亦可乎？」這樣就成爲漢皇帝的正統了。這是胡族方面夷夏觀念極具代表性的例子。

其他夷狄的諸胡族沒有匈奴與漢的關係可爲公開的說辭，在政治號召上自不便要「紹脩三祖之業」，但卻可以抬出大禹、文王的例子來。鮮卑的慕容廆即如此，他還據此勸說高瞻之歸心，不必以華夷之異懷有介蒂〔註 46〕。又如晉臣邵續也以大禹、文王出自夷狄，認爲帝王之興是出於天命與德之所招〔註 47〕。凡此皆說明夷夏觀念可因上古歷史之發展上找到例證，又可因運用天命所屬與德者所居的理念，將之消融，更可以用作爭天下的堂皇理由。故而石勒爭天下時不取曹氏、司馬氏之欺人孤兒寡婦，「狐媚以取天下」，而要磊落如大丈夫之行事〔註 48〕，其心中應有爭天下的堂皇理由的。匈奴右賢王的後人赫連勃勃，他自認爲大禹之後，當然可應運而興以爭天下〔註 49〕；他企圖消除的夷夏觀念非常明顯，進一步攀認匈奴爲禹的後人。

鮮卑慕容儁稱燕王，欲居正統而定五行秩序，當時群臣以爲宜承晉之統，漢人韓恆則以爲宜承趙之統，他說趙有中原「非惟人事，天所命也」〔註 50〕；趙、燕皆爲胡族所建，仍得到天命所授的認定，夷夏觀念已然打破。慕容儁自以爲「被髮左衽之俗」，心中實想承晉之統，但終如韓恆之議而承趙統〔註 51〕；其改變心意的原因不詳，不過至少可知他認爲繼承胡族之統並無不妥。

胡人與漢人都有託大禹、文王的例子來消解夷夏觀念，但不否認胡人爲

〔註 46〕參見《晉書》，卷一〇八，〈高瞻傳〉，頁 6 下～7 上。
〔註 47〕參見《晉書》，卷六十三，〈邵續傳〉，頁 2 上。
〔註 48〕參見《晉書》，卷一〇五，〈石勒載記下〉，頁 9 下。
〔註 49〕參見《晉書》，卷一三〇，〈赫連勃勃載記〉，頁 3 下。
〔註 50〕參見《晉書》，卷一一〇，〈韓恆傳〉，頁 8 下。
〔註 51〕參見註 50，另見〈慕容儁傳〉，頁 3 下。

夷狄。石勒雖然「諱胡尤峻」，但可以寬容「醉胡」、「羯賊」之稱〔註52〕。諱言是在於打破輕視夷狄的心理，並非不承認血統族屬，他規定「號胡爲國人」，但不准欺侮衣冠華族等，也是很好的說明〔註 53〕。自認爲夷狄之族者還有石季龍，他爲尊崇佛圖澄特別下書說：「朕出自邊戎，忝君諸夏」；雖然佛被認爲是「戎神」，但應兼奉。〔註54〕

以上所述是明文記載的資料，胡人公開否認是爲夷狄的資料並無所見，可知當時不論是胡、漢人大都注重消除夷夏觀念的偏見，而不逃避其族屬血統。不過夷夏觀的偏見仍然存在，有時出自胡族本身，如羌人姚戈仲，他以自古未有戎狄作天子者，來告戒諸子，並要求諸子盡臣節以奉歸晉室〔註55〕。又如石勒對王浚說：自古有胡人爲名臣者，但未有爲帝王者。這雖是爲詐騙王浚之辭，但設若當時沒有這種觀念存在，石勒的謀主張賓就不會教他這種說辭，而且王浚也將不會中計。〔註56〕

夷夏觀之探討還可以從實際行爲中得知，本文所述主要在於言論方面所涉及者。西晉時夷夏間之衝突與融合大約已各居半數，通常是因五胡亂華而著重於衝突的一方，若就《晉書》中所記，尤其是〈載記〉所述各胡族政權的資料，可知夷夏間已有相當大的融合。在彼此的交遊上也可以反應出這種情形，如素有知人之鑒的安北將車張華，他嘆賞慕容廆爲「命世之器，匡難濟時者也」〔註 57〕。同樣地，善相人的名士崔懿之、公師彧等對劉淵是深相推崇，太原士族王渾則「虛襟友之」，而劉淵本人受學於名儒崔游，正是漢魏以來傳統之學術〔註58〕。像劉淵這種情形是胡族漢化了，也就是「用夏變夷」，自然得到漢族名士的傾心結交。

總之，漢晉以來胡族長期入居的結果，雖然與社會動亂有關，這是國內的民族問題，同時也不可避免地要融合，夷夏觀念也因之漸有轉變，到西晉時期，不再抱持主觀的夷夏觀念者已漸有人在。後來五胡時代的各國，除本身受漢文化外，在華北猶能保持經學的舊傳統，並大興文教，實在是受胡漢

〔註52〕參見註48，頁2上、3下、4上。
〔註53〕參見註48，頁1上。
〔註54〕參見《晉書》，卷九十五，〈佛圖澄傳〉，頁13上。
〔註55〕參見《晉書》，卷一一六，〈姚弋仲載記〉，頁2下。
〔註56〕參見《晉書》，卷一〇四，〈石勒載記上〉，頁10上、下。
〔註57〕見《晉書》，卷一〇八，〈慕容廆載記〉，頁1上。
〔註58〕參見註45，頁2上。

融合的影響〔註 59〕。故而說漢晉之夷夏觀到五胡亂華之際，胡、漢雙方都已有了轉變，造成的原因是胡族之入居而產生的民族融合。

第二節　胡族之生活環境與族群消融

西漢時匈奴以「臣事」方式與漢維持和平，但居於塞外實行獨立自主之統治，漢以武力爲後盾，以經濟力爲前驅，對匈奴有約束之效。東漢南匈奴入塞而居，情況完全與西漢不同，漢朝廷對匈奴由約束漸成爲控制，所謂「中郎之使，盡法度以臨之；制衣裳、備文物」〔註 60〕，這是將漢式法制文化帶往匈奴族中，實行有計畫的漢化。另一方面對匈奴之控制日趨加緊，漢末有「建安制」的形式，單于之統治乃告結束，匈奴成爲國內的民族乃更爲明確。

漢末至魏晉入居中國的胡族不止匈奴，他們的生活情形可由一些資料中得知大概。匈奴是整個集團移民且時間也最久的，有關其部落形態與政治組織的資料也較齊全。匈奴至晉時尚保有其原來部落，不相雜錯，王族、貴姓、官號等仍然存在。氐族的情形也是如此〔註 61〕，漢式的官制只是加在統治的貴族身上，實質上對其內部的統治結構並無改變。就此來看，匈奴之部族結構沒有漢化，朝廷能控制其統治者即可。相反地，當朝廷失去控制力時，匈奴很容易集結成龐大的勢力，這就是劉淵起事時，何以「二旬之閒，眾已五萬」〔註 62〕之故。「建安制」雖分匈奴爲五部，但各部仍由其貴族爲統部之長，部族統治仍舊，五部或幾部差別不大，「國小權分」以弱其勢的構想爲在防範，重要的是靠中央能長期保持其控制力始爲有效，西晉本身動亂不安，社會與民族問題自難控制。

魏晉可謂士族門閥之時代，無論在政治、社會、經濟上都盡有其特權，寒門則多沈淪於下僚，就統治階層來看，士族在兩晉南北朝的三百餘年中，

〔註 59〕關於五胡在北方之受漢文化與北方儒統，可參見錢穆，《國史大綱》上冊（臺北：臺灣商務印書館，民國 45 年台五版），頁 202～204。另見金發根，《永嘉亂後北方的豪族》（臺北：中國學術著作獎助委員會，民國 53 年），頁 147～178。

〔註 60〕見《後漢書》，卷八十九，〈南匈奴傳〉，頁 35 上～36 下。

〔註 61〕參見《晉書》，卷九十七，〈北狄傳〉，頁 5 下。氐族「雖都統於郡國，然故自有王侯在其虛落間」，見《三國志》，卷三十，註引〈魏略西戎傳〉，頁 31 下。

〔註 62〕見註 45，頁 3 下。

士族占百分之六十七左右，寒門僅得百分之十四強，餘則爲小姓〔註 63〕，在門第階級的社會中，士族無不極力維持其門第，也就可維持其特權，小姓與寒門唯有力爭向上，他們的作風因之與儒家禮法的士族相異，多傾向法家雜學之流，兩者優劣各具，而西晉亂亡正集兩者之劣點所致〔註 64〕。身爲士族領袖的王衍，他爲石勒所殺，臨死前曾表示：若士族們「不祖尙浮虛，戮力以匡天下」，晉或不至於此〔註 65〕，這是最好的自白。漢人之小姓與寒門猶沈淪於下，胡人被視爲夷狄者當可想而知，他們若欲爭向上，一方面要受漢式教育，師事名儒，結交士族；一方面要突破現狀來自立事業，劉淵即是很好的例子。

漢晉以財利召撫各族人是重要的手段，戰時不論用於內戰或以夷攻夷也要以財利誘募之。平常各族則需繳納賦調，大體上除鮮卑在塞外，其餘入居各族都要在地方統治者之下「服事供職」，這情形應該是魏晉以後漸成制度化。兩漢時定制的賦調並沒有具體的資料來說明，就資料較完整的匈奴來看，沒有發現對漢有關的賦調規定，《晉書》上說：「其部落隨所居郡縣，使宰牧之，與編戶大同，而不輸貢賦」〔註 66〕，這似是指漢代時情形。但《晉書》所載頗有混淆，此段記載上承「前漢末，匈奴大亂，五單于爭立」開始敘述，接著以呼韓邪臣漢，漢「割并州北界以安之，於是匈奴五千餘落入居朔方諸郡，與漢人雜處」等等，蓋五單于爭立及呼韓邪入朝在宣帝時，不得謂「前漢末」。而呼韓邪是願留居光祿塞下，有急時始「保漢受降城」，當時漢送其出朔方雞鹿塞〔註 67〕，根本沒有「割并州北界以安之」。元帝時呼韓邪「竟北歸庭」，漢之使臣張猛、韓昌還與之有盟約〔註 68〕，匈奴在西漢時完全在塞外故地，豈有五千餘落在朔方各郡與漢人雜處？也更談不上「使宰牧之」了。《晉書》是將前、後漢事一併敘述，而兩漢來臣屬者皆號呼韓邪，是以有錯亂混淆。匈奴入居朔方爲東漢光武時，而東漢亦無「使宰牧之」，應是使匈奴中郎將來監鎮之，至魏時例由刺史兼中郎將，始得謂「使宰牧之」。因之「與編戶

〔註 63〕參見毛漢光，《兩晉南北朝士族政治之研究》（臺北：中國學術著作獎助委員會，民國 55 年），頁 362。

〔註 64〕參見陳寅恪，〈崔浩與寇謙之〉，《陳寅恪先生全集》（臺北：九思出版社，民國 66 年），頁 589。

〔註 65〕參見《晉書》，卷四十三，〈王衍傳〉，頁 9 下。

〔註 66〕見註 41，頁 11 上。

〔註 67〕見《漢書》，卷九十四下，〈匈奴傳〉，頁 4 下。

〔註 68〕見前註，頁 5 下、6 上。

大同，而不輸貢賦」恐怕是魏晉時期的情形，至少也應是「建安制」以後的情形。兩漢之匈奴就前章所論尚不至「與編戶大同」，但「不輸貢賦」則頗為可信。

東漢時對胡族徵收賦調的資料間有所見，如章帝時馬防平隴西羌亂，曾「賦斂羌胡」，章帝對此不滿而加譴責〔註69〕，可見對羌胡之徵賦是出自邊區官員的個人行為，朝廷並無定制。不過漢朝廷對南蠻徵賦則明文可見，武陵蠻之大人每年要輸布一匹，小口二丈，稱之為賨布。澧中蠻在安帝時曾叛亂，原因是「郡縣傜稅失平」，可知平常本有傜稅。巴郡與南郡蠻早在秦時即有定額稅貢，其君長、民戶皆有規定，漢時依秦制，而和帝時南郡的巫蠻曾以收稅不均而反叛。板楯蠻在漢初時除去七姓渠帥不輸租賦外，其餘各戶皆每口歲入賨錢四十。東漢初永昌太守鄭純與哀牢夷豪酋約定歲賦等〔註70〕。上述對南方蠻夷之賦稅有遠依秦制，有漢時所定，或者以南蠻為農耕定居之族，故而常取賦稅比照漢人，而北方與西方多游牧，難定賦稅，仰或對游牧族羈縻而不取其賦？則未敢確定。總之，正常的賦調當不至過分，地方官與強豪們的壓力才是問題。

至魏晉時入居胡羌多在國內，郡守疆吏較易控制其部落或被列入編戶之民，輸租賦的情形就漸造成，於是有「服事供職，同於編戶」者，有徵輸調者，至於《晉書‧食貨志》則明列了夷人之租調等級。內徙的各族不論在勞役、租調上都受到了壓迫，淪為佃農或奴僕者為數不少，買賣胡奴也屢見不鮮，石勒即曾被「兩胡一枷」地販賣為奴。匈奴劉宣對劉淵起兵時說「晉為無道，奴隸御我」，所指即在遭受迫害，而稍早在晉初時的劉猛之叛，也因為「不勝其忿」之故。羌族之叛是「數為小吏黠人所見侵奪」，「積以愁怨」，要不即「倥傯於豪右之手，或屈折於奴僕之勤」。負邊事之責者「或以狙詐，侵侮邊夷；或干賞蹈利，妄加討戮」，以致鮮卑與羌聯合寇叛。又有「刑賞失中」造成關中地區氐、羌族之叛亂等。凡此種種皆說明了內徙各族生活頗受壓迫，漸至地位淪落不堪矣！〔註71〕

〔註69〕參見《後漢書》，卷二十四，〈馬防傳〉，頁32上。

〔註70〕以上參見《後漢書》，卷八十六，〈南蠻傳〉，頁3下、5上、15下、17上、26下等。

〔註71〕關於這方面的討論，可參見唐長孺，〈晉代北境各族變亂的性質及五胡政權在中國的統治〉，《魏晉南北朝史論叢》（臺北：坊印本），頁127～156。另見蔡學海，〈西晉種族變亂析論〉，《國立編譯館館刊》，第十五卷第二期（臺北：國立編譯館，民國75年12月），頁47～48。

匈奴右賢王劉宣勸劉淵起事時說：

> 昔我先人與漢約爲兄弟，憂泰同之。自漢亡以來，魏晉代興，我單于雖有虛號，無復尺土之業；自諸王侯，降同編户。今司馬氏骨肉相殘，四海鼎沸，興邦復業，此其時矣！〔註72〕

劉宣所言揆諸歷史實爲眞情，到此時民族間的關係已然破裂。長期的愁怨到中央政權變亂相乘，社會動盪不安時，給有志於「興邦復業」者是最好的機會。干寶說劉淵「自下逆上，非鄰國之勢也」，又說：「思郭欽之謀，而悟戎狄之有釁」〔註73〕這是指胡族入居成國內民族的叛亂；而晉初郭欽的實邊禦胡與徙戎之策未能實踐，以至於無以抗拒。主張徙戎的郭欽、江統都注重胡、漢人口比例的危機，郭欽說魏初以來西北各郡戎狄滿布，江統說關中百餘萬口，戎狄即居其半〔註74〕。更嚴重的情形是惠帝以後的災荒，《晉書》上記載說：到永嘉時期，雍州以東多飢乏，人口轉賣，流落四方者不可勝數，幽、并、司、冀、秦、雍六州的蝗災，使草木及牛馬皆盡，兼以大疾疫與饑饉之虐，寇盜殺人，以至於流屍滿河，白骨蔽野〔註75〕。流民逃荒造成人口嚴重流失以及社會問題。

流民的歷史在西晉末年佔了相當重要的部份，例如氐族李特的勢力即與流民有關，他率領「流移就穀」的集團，其中有秦州六郡之豪的漢族大姓〔註76〕。著名的流民「乞活」集團，當初即爲東贏公司馬騰由并州所帶走，「遣就穀冀州，號爲乞活」的萬餘人〔註77〕。司馬騰由并州下山東時又帶走二萬餘戶〔註78〕。以至於在永嘉元年（307）繼其任爲并州刺史的劉琨，他到任時在并州的漢人「餘戶不滿二萬」。劉琨報告當地的情況是：

> 臣自涉州疆，目睹困乏，流移四散，十不存二，攜老扶弱，不絕於路，及其在者，鬻賣妻子，生相捐棄，死亡委危，白骨橫野，哀呼

〔註72〕見註45，頁2下。

〔註73〕見干寶，〈晉記總論〉，《昭明文選》，卷四十九（臺北：東華書局，民國61年），頁689、692。

〔註74〕參見註41、42，郭欽、江統之論。

〔註75〕參見《晉書》，卷二十六，〈食貨志〉，頁6下。

〔註76〕參見《晉書》，卷一二〇，〈李特載記〉，頁1下。

〔註77〕參見《晉書》，卷五十九，〈東海王越傳〉，頁21上。關於流民乞活之事，可參見周一良，〈乞活考〉一文，《魏晉南北朝史論集》（臺北：坊印本），頁12～29。

〔註78〕參見註45，頁4下。

> 之聲，感傷和氣，群胡數萬，周匝四山，動足遇掠，開目覩寇。〔註79〕

劉琨所言應是實情，漢人大量流失，使原來有五萬九千三百的編戶〔註80〕，到劉淵起兵的三年後，只剩下不滿二萬戶；自然劉琨要「開目覩寇」了。然則抵抗匈奴無兵，劉琨只有借胡兵——鮮卑以夷攻夷，因而又擴張了鮮卑的勢力。

晉初罷置州郡兵，由宗室諸王出專方任，而都督軍事之諸王熱中於朝政起伏，苟有地方變亂，則不易控制，故史稱：

> 吳平之後，（武）帝詔天下罷軍役，示海內大安，州郡悉去兵，大郡置武吏百人，小郡五十人，……（山濤）以爲不宜去州郡武備，其論甚精，……及永寧（301）之後，屢有變難，寇賊猋起，郡國皆以無備，不能制，天下遂以大亂。〔註81〕

此爲晉室地方武備不修，而掌兵符如八王者忙於內戰，胡族如劉淵可假晉朝所授「監五部軍事」而招集兵馬，以至於爲北單于、參丞相軍事，乃後稱漢王。這也是前面第四章所論自東漢以來常用胡兵參與內戰的結果。

晉室內亂後，中原板蕩，人民遷徙流離或聚結爲盜，乃又有豪族之起。豪族或起兵以應胡族如王彌，或屯據烏堡以自守如李矩。順勢起兵而應者，就隨勢而有成敗興亡；聚堡而守者，即如地方州郡之割據。其間所反應的，正是漢晉以來天下動亂的社會現象〔註82〕。豪族在魏晉門第社會中佔有重要地位，當晉室大亂時，他們的動向往往表現出不分夷夏的集結，並不必然有因族屬不同而各結其類。如前述氐族李特與六郡之豪的結合，六郡豪族是指閻、趙、任、楊、李、上官等大姓，所謂「天水舊有姜、閻、任、趙四姓，常推於郡中」〔註83〕，後來六郡豪族入蜀仕於李氏政權者至少近二十人，且皆居於高位。〔註84〕

劉淵早年受知於士族名流前已述及，後初爲北部都尉時，幽冀地區之名儒、後門秀士等，皆不遠千里前來交遊〔註85〕，足見漢族士人未有因夷夏之

〔註79〕見《晉書》，卷六十二，〈劉琨傳〉，頁1下。
〔註80〕參見《晉書》，卷十四中，〈地理志〉，頁15上。
〔註81〕見《晉書》，卷四十三，〈山濤傳〉，頁3上。
〔註82〕關於五胡亂華之際的豪族，可參見註59，金發根前揭書。
〔註83〕見《三國志》、《魏書》，卷十三，〈王朗附王肅傳〉，註引〈魏略〉，頁421。
〔註84〕參見註76，頁4上。
〔註85〕參見註45，頁2下。

分而棄之。其師上黨崔游後爲其政權中之御史大夫，朱紀、范隆爲劉淵同學，後亦仕於劉淵朝中〔註 86〕；王彌爲豪族，對劉淵助力極大。其實以劉淵，以及師事名儒孫炎的劉宣，他們和其餘匈奴各部帥也都是豪族，不過是胡族而非漢人。石勒的家世也應是豪族，其父、祖皆爲部落小率（帥），他也代父統攝部落，但因部落弱小而貧，故行商、力耕，而後并州大飢以至淪落爲奴〔註 87〕；可知石勒是家道衰微的小豪族。石勒最重要的謀主張賓，爲趙郡士族，他是自動投效而「成（石）勒之基業」〔註 88〕。劉、石政權建立之後，朝中皆有大批漢人士族豪門，這些多爲鼎革戰亂之時所收用者，於此不再述論。〔註 89〕

鮮卑之慕容氏與漢族之結合頗爲顯著，雖然不像匈奴、氐羌等深入中原地區，但鮮卑所在之區正可爲中原大亂時托庇流亡之所。故史稱永嘉之亂時，流亡士庶多往依歸；當時參與其政權者甚多漢人豪族，甚至有江南豪族之會稽朱氏〔註 90〕。由是可見，夷夏之間到此已無分界，支撐魏晉漢族社會之中堅，亦可轉赴異地而效力。

胡族入居多仰賴漢族朝廷的經濟援助，經濟力之控制與軍政之控制尚可維持相安。及晉室內亂，社會動盪不安，又復引用胡兵爭戰，故族也同於漢族成爲社會問題。在經濟生產上胡族遠不如漢族，逐漸演變成或爲田客佃農，或淪爲奴僕，其反動則爲抗爭掠奪〔註 91〕。又由於胡族長期入居，不免有漢化之發生，其接受漢族學術文化之教養頗能得士族之結交，夷夏之觀念雙方皆有部份轉變。中國內部動亂是夷夏共居的同一社會，其間自有兩者的對抗以及結合，士族豪門仍然佔了重要的部份。

〔註 86〕參見《晉書》，卷九十一，〈范隆傳〉，頁 5 上。又〈崔遊（游）傳〉中稱其固辭劉淵之御史大夫，見頁 5 上，而卷一〇一，〈劉淵載記〉未言其固辭，見頁 4 下。或劉淵拜崔游爲大夫，然後不受也。

〔註 87〕見註 56，頁 1 上～2 下。

〔註 88〕參見《晉書》，卷一〇五，〈石勒載記下〉附〈張賓傳〉，頁 14 上。

〔註 89〕關於五胡亂華時，漢族仕於胡族政權者，至少達百餘人，參見王桐齡，《中國民族史》（臺北：華世出版社，民國 66 年），頁 117～124。

〔註 90〕參見註 57，頁 2 下。

〔註 91〕參見李旭，〈西晉時代華族與外族關係〉，《師大月刊》三十二周年紀念專號（北平：師範大學，民國 24 年），頁 1～9。

第七章　結　論

國史的發展是民族文化的歷史發展，文化之形成也是民族發展的歷史結果。中國的民族是多元構成，文化乃有多元的形成，漢族在其間佔了主流，因此國史就不免要以漢族的歷史爲主，也正因之其他非漢族的各族較易受忽略，以至於產生主觀上的偏見。若明乎國史由各族與各文化所構成，則歷史研究之領域與見解將深廣而不至偏狹了。

國史之發展足以說明是朝向民族與文化的多元與融合這一方向，但在歷史之過程中也包括了對立與衝突。融合與衝突間的互動關係隨著歷史的巨輪不斷前進，在每一個時代都留下深淺不一的軌跡，後人爬梳史料，蒐集軌跡，亦無非是求民族文化之歷程更爲明確，以及民族文化之生命更爲豐潤不息，有如活水源頭一般。

原來史論性之專著並不必要有一結論，透過各論題單元而相關的系列探討，可以造成研究主體全面的印象。這與撰擇單一的論題來逐步論證，最後得到此論題的結論，在研究之取向與方法上有所不同。不過爲了相應本書之首章的緒論，故在書末似宜有結論之作，又爲了對研究之主題能有更清楚的展現，以及將各論題之取向作爲一種說明的方式，在此乃試爲之結論。

首先要說明國史中歷代皆有所謂外患，這些外患皆爲非漢族的各族勢力，其中以北疆民族的比重與造成的影響最大，而在正史上建立朝代的都是來自北疆之民族，這些民族在傳統上被視爲夷狄民族，是以「民族主義」存在於國史之中而有其曲折變化。就近代的情形來看，滿清的入主初被視爲夷狄之入主中國，而後滿清成爲中國，至西洋各國成爲夷狄，清末革命又要驅逐韃虜，則元、清遂成爲中國亡於外族的兩個時代，及民國建立又復倡五族共和；凡此皆中國與民族之兩相矛盾，其造成的原因實爲夷夏觀念所致。質是之故，夷夏觀念之探討在整個國史發展中有其意義，而討論民族關係則更爲不可缺之基礎。

就字源上來看，夷與夏二字初無高低軒輊之別，而是上古史中兩大部份民族的籠統指稱，靠東方的夷與偏西方的夏，兩大族群的交爭競比而形成以夏爲中心的觀念，中心觀念形成則四方遂成爲外圍。商起自東方，代夏後即以承夏爲「中商」，原來諸夏之地成爲「中商」所領有的「中國」之範圍了。內外之分與服制在商時已有，其或繼夏而來則未敢確定，周繼商後，大張華夏，既有中國國家正統之意味，又復有民族與文化代表的意味。周同樣地有內外之分與服制之建立，周初之服制在意義上或與商相同，即表現統治者之權威與臣服之方式，內外與服制應是建立在族屬血緣的關係上而言，不必然地是外則在遠方四裔，或者由中心層層外推成道里遠近的服制；道里遠近與四裔各方的配置是東周以後逐漸形成的，而且還帶有理想的色彩。

先秦的民族與方國極多，簡言之是夷夏雜居的局面，在民族血緣上來看，商周時視爲戎狄之夷人，竟或爲夏人之後，這是「中國而夷狄則夷狄之」的文化觀點，此文化可說是「三代共之」的禮，也就是三代因革損益而成的華夏文化，凡文化有異者即視之爲夷狄，故春秋時西方之秦與南方之楚皆爲蠻夷之邦；乃知其時諸夏有一定之範圍。尊王攘夷固然攘逐不少夷狄於外，也同時消融了不少夷狄爲諸夏，以華夏傳統爲中心遂產生夷夏觀念，「蠻夷滑夏」的局勢也使得夷夏觀念加深了輕視與排斥的心理。而以夏爲自我中心的觀念，也就要「用夏變夷」了。

先秦的夷夏觀表現在生活習俗、文物制度、心性等三方面最爲明顯，其中以對心性之看法成爲夷夏觀中最主要的觀念，也就是傳統上輕視夷狄民族的概括論定——禽獸之民。基於此，在對待夷狄的態度或政策上發展成兩條主軸，一爲「耀德不觀兵」式，多爲後來主和、羈縻、分別等論不同形式的表現，一爲「德以柔中國，刑以威四夷」式，多爲後來主戰、用夷等論的重要基礎。

夷夏之別在上古有文化、民族之因素，就考古資料來看，中國民族有多元之發展，故夷本或爲外族而不同於夏。也有因夷由夏所分出，漸自成其文化，與諸夏有大小不等之差異，此多爲與當地民族結合成新的文化。另外有統治階層爲夏族之夷，其文化之形成可能成爲夷族式的，可能成另一種新文化，也有維持夏族舊文化的多或少。總之，夷夏觀念是由商周長期之發展逐漸形成，其完成的時間應在西、東周之際。

隨著諸夏本身之擴張，漸攘夷狄於中國之外，戰國時北疆邊牆之修築，已可知夷夏分別及相排斥的一面。秦漢時中國統一並修連長城以「拒胡」，而胡也完成在北疆塞外的游牧帝國，於是長城一線成爲北亞游牧民族與中原農業民族兩大帝國之「國界」，也就是北方夷夏之分別線。分別代表著兩個天下的形勢，固與漢族王天下的理想——包括「人跡所至，無不臣者」，以及四夷五服之制等大相違背，然則實際上是雙方都承認的兩個不同之天下。

匈奴乘戰國之時已擴張至河套一帶，秦逐匈奴收河南地，並沿河築城塞、實邊，長城遂成爲傳統禦胡的國防線。匈奴不斷擴張，漢初復有平城之圍，此後兩大帝國間形成長期之對峙與競爭；漢朝廷對北疆之政策爲國政之重點，其間諸多之議論也成爲中國傳統「制夷」之策的各種論點。

班固論及西漢之北疆議論時說「縉紳之儒，則守和親；介胄之士，則言征伐」，這是主和、主戰之論，也大略說明了持和、戰論者的身份；他自己又提出羈縻的分別論，若再加上用夷論則可知有四種類型。要之，兩漢的北疆政策實包括上述四種理論，在後代也曾不斷地出現。各種理論所根據的論點大體如下：

主和論者以爲在軍事上實不易取勝，在政治上則不宜強擊，在文化上應修文德以來之；若和親可收籠絡之效，故宜維持原狀不必啓事生非。主戰論者以爲和親乃中國之恥，且無強制之力，又蠻夷只可力服而古書多讚征伐之功；同時認爲中國國力強於匈奴，故傾力攻戰將可獲勝。用夷論者以爲征伐消耗國力甚重，若以夷制夷招誘外族，既可用夷之長，中國又可省費，且能達成國外決戰之構想；又當匈奴帝國分裂時，正可利用其他外族而攻之。分別論者以爲夷夏本爲不同之民族、文化，自可分離，雙方維持對等之國，若來則待之以禮，侵寇則禦之以兵；使曲在彼。上面的幾種論點，可以簡化成以下之說法，即主和論是以和親兼財物爲原則來維持友好關係。主戰論是以「刑以威四夷」爲根據。用夷論乃以財利遂行其目的。分別論則主張夷夏如敵國之並立。

隨著漢與匈奴大戰之開始，漸次有胡族前來降附，也就開始有受漢保護與入居中國內地的胡族，除去匈奴外尚有烏桓、氐、羌等族。胡族之入居經過漢晉長期之發展，不但數量增多，遍布沿邊州郡，甚且深入關中一帶，從河北、山西、陝西至甘肅、四川等地，全有胡族入居。南匈奴自東漢入居并州後，不久北匈奴破滅，北疆又漸由繼起之鮮卑取代其地，到西晉時北疆造成內有匈奴、氐、羌，外有鮮卑的雙重形勢。由於胡族大量入居，魏晉時乃有「徙戎論」盛行，其考慮固然用心，但實行上卻有實際的困難。

胡族入居除去有變亂發生外，他們也參與中國之內爭戰事之中。漢族爲突破本身之限制，於是東漢開始用胡兵日盛，漢末魏晉之時更見大量之胡兵投入內戰之中，胡漢並具的軍容，遂成爲那一時期的特色；不但以入居諸胡爲爪牙，也同時爭募塞外如鮮卑者爲戰爭之工具。如此遂造成胡族易擁有實力了。雖然諸胡是受財利的誘招所致，實際上他們久居中國則難與國內之政局以及社會無關，胡族之問題是國內的民族、社會問題，故而後來五胡亂華泰多爲國內之動亂，非由外患所導致。此就民族之衝突與融合而言，漢晉之發展實爲一重大之階段。後來遼、金、元之入中國，則爲外患之形勢，此又與五胡亂華之局面有所不同。

漢晉以來對北疆之經營，宜對滅亡西晉首亂於中原的匈奴作一歷史性之考察。漢武帝對匈奴之大戰爲國防上之考慮，此與秦時逐匈奴出河南地相同，但武帝更有其全盤的戰略構想，所謂「斷匈奴右臂」，則又與西域之經營密不可分。至於西域之經營前後漢有顯著地不同：前漢以擴張、進取來完成其戰略構想；後漢則趨於防守、退縮以遷就其國防計畫。此時勢遷移與決策之不同所致。

漢初與匈奴對峙，武帝時雙方大戰，至宣帝時匈奴之臣事於漢，其間可一百五十餘年，若自武帝開戰至宣帝時則達八十年左右，雙方長期國力競賽之結果乃暫告結束。匈奴先盛後弱固與漢之富強有關，也於匈奴政權結構之弱點與經濟力有關。西漢對匈奴之取得優勢可以「推亡固存」作爲結語，雖然匈奴之臣事於漢是名義上的，但單于仍返其舊有領土，行使自治之統治，但多少仍受到漢廷之約束，不如往日完全自主獨立的地位。

匈奴政權之崩潰有長期之演變，它受到內、外雙重之破壞所致。外部即指遭漢晉以來加諸的戰爭、約束與控制等，內部即指其本身之動亂及衝突；內部本身的破壞又與其政權結構有關，同時每遭破壞更暴露其結構之弱點。外部之破壞自東漢以後日甚，即由「安南定北」到「建安制」之完成，匈奴之政權可謂已然消失，而單于之統治無異於地方州郡之下的部族治理。

東漢初因匈奴之內亂及分裂，南匈奴又重演西漢時之款塞稱臣，漢廷由此可以實行其「安南定北」及「成南破北」之策，但南匈奴部眾全數入居北邊八郡不再北返故地。漢置使匈奴中郎將以監鎮之，又有度遼將軍的配合鎮護，加上經濟財利上的支助，匈奴在利與勢之下，由受到約束漸至於受到控制，終於到漢末有「建安制」之出現；這是「國小權分」以弱其勢的方法。魏晉時期中郎將為刺史兼職，則匈奴部眾無異於州郡之下的編戶齊民。

漢晉對北疆之經營已完全將匈奴政權破壞，監鎮於其上的官員如中郎將，對於匈奴的權威極大，可左右單于之廢立與生死，這難免是夷夏觀念所致。漢晉以來的夷夏觀大體上承先秦而來，尤其在對於夷狄心性上的認定如視為禽獸、好利無禮義等完全相同。不過有同樣觀點的在對待的態度與政策的議論上，結論未必相同，更有就實際而論不談夷夏觀的主張。

夷夏觀念難免使外族產生怨望之心，劉宣當劉淵起兵之際所說的話最足代表，胡族生活之困苦與地位之淪喪成為社會問題，當中央能有效控大局時，胡族怨望之心儘多隱忍，其間仍有如劉猛之叛晉，以及羌胡之亂，但若政局不穩時，民族情緒容易爆發，如果加上塞外民族之變動，則天下騷動將不可避免。塞外民族之參與動亂與民族之連環移動有關，而內部民族之變亂則為社會問題，故內部變亂並非胡族之「特權」。究其起因乃晉室內爭戰亂，社會動盪不安之故，流民與地方豪族或相結或自保，此不論夷夏皆是。

魏晉為士族門第之時代，其本身政治、社會上有絕大之缺點，士族驕逸虛浮於上，胡人豪族有漢傳統之學術反沈淪於下，值亂世之際難免其要求解放了。本來社會動亂，國內各階層都不可避免，胡族多內而不外，自應被捲入其中。胡人豪族可結合漢人成其勢力，又因其受漢文化之教養，頗得士人與交遊及支持，夷夏觀念已有部份轉變，可以不在族屬血統上著眼，是以有文王、大禹出於夷狄之說；凡受天命當有德以居之，這個觀點後至清代雍正帝時，仍據以駁斥漢人之夷夏觀。而胡族用漢士、綵漢制，也成為後來北朝、遼、金、元等時代複合體制部份的先聲。

引用書目

一、古　籍

1. 王夫之，《讀通鑑論》，三十卷，臺北：河洛圖書出版社，民國65年臺初版。
2. 王先謙，《後漢書集解》，一二〇卷，臺北：臺灣藝文印書館，二十五史本。
3. 王先謙，《漢書補注》，一〇〇卷，臺北：臺灣藝文印書館，二十五史本。
4. 王利器，《風俗通義校注》，十卷，臺北：明文書局，民國71年4月初版。
5. 孔穎達，《春秋左傳正義》，六十卷，臺北：東昇出版事業公司，十三經注疏本。
6. 孔穎達，《尚書正義》，二十卷，十三經注疏本。
7. 左丘明，《國語》，二十一卷，臺北：河洛圖書出版社，民國69年8月臺影印初版。
8. 田宗堯，《論衡校證》，二十卷，臺北：臺灣大學文學院，民國53年12月初版，頁255。
9. 司馬遷，《史記》，一三〇卷，臺北：臺灣商務印書館，百衲本二十四史。
10. 司馬光，《資治通鑑》，二九四卷，臺北：世界書局，新校注本，民國61年11月五版。
11. 朱熹，《論語集注》，共兩冊，臺北：臺灣藝文印書館，四書集注本，民國45年9月初版。
12. 朱熹，《孟子集注》，共兩冊，臺北：臺灣藝文印書館，四書集注本，民國45年9月初版。
13. 邢昺，《爾雅疏》，十卷，十三經注疏本。

14. 汪繼培，《潛夫論箋》，三十六卷，臺北：世界書局，新編諸子集成，民國 69 年 7 月新三版。
15. 杜佑，《通典》，三〇〇卷，臺北：新興書局，民國 52 年 10 月。
16. 房玄齡，《晉書》，一三〇卷，百衲本二十四史。
17. 班固，《漢書》，一〇〇卷，百衲本二十四史。
18. 范曄，《後漢書》，一二〇卷，百衲本二十四史。
19. 徐彥，《春秋公羊傳注疏》，二十八卷，十三經注疏本。
20. 袁宏，《後漢紀》，三十卷，臺北：臺灣商務印書館，四部叢刊初編。
21. 荀悅，《漢紀》，三十卷，臺北：臺灣商務印書館，四部叢刊初編。
22. 孫復，《春秋尊王發微》，十二卷，臺北：東昇出版事業公司，通志堂經解本。
23. 孫詒讓，《墨子閒詁》，十五卷，目錄一卷，附錄一卷，後語二卷，臺北：河洛圖書出版社，民國 69 年 8 月臺影印初版。
24. 陳壽，《三國志》，六十五卷，百衲本二十四史。
25. 陸九淵，《陸象山全集》，臺北：臺灣中華書局，四部備要本。
26. 梁啓雄，《荀子柬釋》，臺北：河洛圖書出版社，民國 63 年 12 月臺影印初版，頁 421。
27. 常璩，《華陽國志》，十二卷，臺北：世界書局，民國 56 年 9 月再版。
28. 黃暉，《論衡校釋》，二十卷，臺北：臺灣商務印書館。
29. 楊士勛，《春秋穀梁傳注疏》，二十卷，十三經注疏本。
30. 賈誼，《新書》，十卷，臺北：臺灣商務印書館，四部叢刊初編。
31. 賈公彥，《周禮註疏》，四十三卷，十三經注疏本。
32. 劉向，《戰國策》，三十三卷並附錄，臺北：九思出版社，民國 67 年 11 月臺一版。
33. 蕭統，《昭明文選》，六十卷，臺北：東華書局，民國 67 年 7 月臺三版。
34. 魏收，《魏書》，一一四卷，百衲本二十四史。
35. 嚴可均輯，《全上古三代秦漢三國六朝文》，七四六卷，臺北：中文出版社。

二、參考書

(一) 專　書

1. 丁山，《甲骨文所見氏族及其制度》，臺北：大通書局，民國 60 年，57 頁。
2. 王恢，《中國歷史地理》，共二冊，臺北：學生書局，民國 67 年 2 月初版。

3. 王桐齡，《中國民族史》，臺北：華世出版社，民國 66 年 10 月台一版，680 頁。
4. 毛漢光，《兩晉南北朝士族政治之研究》，臺北：中國學術著作獎助委員會，民國 55 年 7 月初版，730 頁。
5. 尹達，《新石器時代》，臺北：坊印本，240 頁。
6. 札奇斯欽，《北亞遊牧民族與中原農業民族間的和平戰爭與貿易之關係》，臺北：正中書局，民國 62 年 1 月臺初版，584 頁。
7. 石璋如等，《中國歷史地理》，共三冊，臺北：中華大典編印會，民國 57 年 7 月第三版。
8. 李孝定，《甲骨文字集釋》，十四卷，補遺一卷，存疑一卷，待考一卷，臺北：中研院史語所，民國 59 年 10 月再版。
9. 呂思勉，《先秦史》，臺北：臺灣開明書店，民國 66 年 6 月臺六版，472 頁。
10. 吳慶顯，《漢武帝時代中對匈奴的戰爭》，鳳山：黃埔出版社，民國 68 年 7 月，186 頁。
11. 李濟，《殷墟器物》，影印本。
12. 芮逸夫，《中國民族及文化論稿》，上冊，共三冊，臺北：臺灣藝文印書館，民國 61 年 2 月初版。
13. 金發根，《永嘉亂後北方的豪族》，臺北：中國學術著作獎助委員會，民國 53 年 9 月初版，191 頁。
14. 周一良，《魏晉南北朝史論集》，臺北：坊印本。
15. 洪安全，《春秋的晉國》，臺北：嘉新水泥公司文化基金會，民國 61 年 11 月，160 頁。
16. 胡厚宣，《甲骨學商史論叢初集》，共二冊，臺北：大通書局，民國 61 年 10 月初版。
17. 柳詒徵，《中國文化史》，上冊，臺北：正中書局，民國 68 年 2 月十三版，439 頁。
18. 唐長孺，《魏晉南北朝史論叢》，臺北：坊印本，450 頁。
19. 島邦男、溫天河、李壽林譯，《殷墟卜辭研究》，臺北：鼎文書局，民國 64 年 12 月初版，527 頁。
20. 徐炳昶，《中國古史的傳說時代》，臺北：地平線出版社，民國 67 年，305 頁。
21. 夏曾佑，《中國古代史》，臺北：臺灣商務印書館，民國 57 年 10 月臺三版，550 頁。

22. 徐復觀，《中國人性論史》，臺北：臺灣商務印書館，民國68年9月五版，629頁。
23. 徐灝，《說文解字注箋》，共八冊，臺北：廣文書局，民國61年。
24. 崔述，《豐鎬考信別錄》，三卷（《考信錄》下冊），臺北：世界書局，民國57年11月再版。
25. 張春樹，《漢代邊疆史論集》，臺北：食貨出版有限公司，民國66年4月初版，236頁。
26. 陶晉生，《邊疆史研究集——宋金時期》，臺北：臺灣商務印書館，民國60年6月初版，127頁。
27. 許倬雲，《西周史》，臺北：聯經出版事業公司，民國73年10月初版，337頁。
28. 陳寅恪，《唐代政治史述論稿》，收在《陳寅恪先生全集》，臺北：九思出版社，民國66年第三次修訂版。
29. 郭鼎堂，《卜辭通纂考釋》，坊印本，民國22年。
30. 郭鼎堂，《先秦天道觀之進展》，上海：商務印書館，民國25年。
31. 陳夢家，《殷墟卜辭綜述》，臺北：大通書局，民國60年，708頁。
32. 黃麟書，《秦皇長城考》，九龍：造陽文學社，民國61年10月版，中文384頁，英文50頁。
33. 傅樂成，《漢唐史論集》，臺北：聯經出版事業公司，民國68年初版。
34. 傅斯年，《詩經講義稿》（《傅斯年全集》第一冊），臺北：聯經出版事業公司，民國69年9月初版，185～331頁。
35. 葉玉森，《殷墟書契前編集譯》，上海：大東書局，民國23年。
36. 董作賓，《殷曆譜》，上編四卷，下編十卷，李莊：中研院史語所，民國34年。
37. 蒙文通，《古史甄微》，臺北：臺灣商務印書館，民國69年8月臺三版，144頁。
38. 錢穆，《國史大綱》，共二冊，臺北：臺灣商務印書館，民國45年10月臺五版，民國73年修訂十一版。
39. 錢穆，《中國通史參考材料》，臺北：東昇出版事業公司，民國69年11月初版，616頁。
40. 錢穆，《古史地理論叢》，臺北：東大書局，民國71年7月初版，283頁。
41. 蕭璠，《先秦史》，臺北：長橋出版社，民國68年3月初版，190頁。
42. 羅振玉，《三代吉金文存》，共四冊，臺北：文華出版社，民國59年7月一版。

43. 嚴一萍，《甲骨學》，共二冊，臺北：臺灣藝文印書館，民國 67 年 2 月初版。

44. 蘇慶彬，《兩漢迄五代入居中國之蕃人氏族研究》，香港：新亞研究所，民國 59 年 9 月初版，598 頁。

45. 顧棟高，《春秋大事表》，五十卷，臺北：漢京文化事業有限公司，續皇清經解本。

（二）論　文

1. 王玉哲、杜正勝編，〈楚族故地及其遷移路線〉，《中國上古史論文選集》，上冊，臺北：華世出版社，民國 68 年 11 月初版，頁 616～649。

2. 王吉林，〈元魏建國前的拓跋氏〉，《史學彙刊》，第八期，臺北：中國文化大學，民國 66 年 8 月，頁 67～82。

3. 王國維，〈鬼方昆夷玁狁考〉，《觀堂集林》，臺北：河洛圖書出版社，民國 64 年 3 月台景印初版，頁 583～606。

4. 王國良，〈中國長城沿革考〉，《長城研究資料兩種》，臺北：明文書局，民國 71 年 10 月，頁 1～81。

5. 王爾敏，〈『中國』名稱溯源及其近代詮釋〉，《中國近代思想史論》，臺北：自印，民國 66 年 4 月初版，頁 441～480。

6. 田倩君，〈中國與華夏稱謂之尋原〉，《大陸雜誌》，三十一卷第一期，臺北：大陸雜誌社，民國 54 年 7 月 15 日，頁 17～24。

7. 安志敏，〈新石器時代〉，《考古學基礎》，臺北：帛書出版社，民國 74 年 3 月，頁 30～59。

8. 何茲全，〈魏晉南朝兵制〉，《史語所集刊》，第十六本，臺北：中研院史語所，民國 60 年再版，頁 229～271。

9. 杜正勝，〈西周封建的特質——兼論夏政商政與戎索、周索〉，《食貨月刊》，復刊第九卷第五、六期，臺北：食貨月刊社，民國 68 年 9 月 10 日，頁 26～48。

10. 杜正勝，〈篳路藍縷——由村落到國家〉，《中國文化新論・根源篇》，臺北：聯經出版事業公司，民國 70 年 9 月，頁 1～73。

11. 邢義田，〈東漢的胡兵〉，《政治大學學報》，第二十八期，臺北：政治大學，民國 62 年 12 月，頁 143～166。

12. 邢義田，〈漢代的以夷制夷論〉，《史原》，第五期，臺北：臺灣大學歷史研究所，民國 63 年，頁 9～54。

13. 邢義田，〈天下一家——中國人的天下觀〉，《中國文化新論・根源篇》，臺北：聯經出版事業公司，民國 70 年 9 月，頁 433～478。

14. 邢義田，〈漢武帝伐大宛原因之再檢討〉，《食貨月刊》，復刊第二卷第九期，臺北：食貨月刊社，民國61年12月，頁31～35。

15. 李旭，〈西晉時代華族與外族關係〉，《師大月刊》三十二周年紀念專號，北平：師範大學，民國24年，頁1～28。
16. 李濟，〈史前文化的鳥瞰〉，杜正勝編，《中國上古史論文選集》，上冊，臺北：華世出版社，民國68年11月初版，頁171～208。
17. 林義光，〈鬼方黎國並見卜辭說〉，《國學叢編》，第一期第二冊，中國大學，民國20年。
18. 吳廷燮，〈晉方鎮年表〉，《二十五史補編》，第三冊，臺北：臺灣開明書店，頁3415～3451。
19. 洪飴孫，〈三國職官表〉，《二十五史補編》，第二冊，頁2801～2805。
20. 秦錫圭，〈補晉方鎮表〉，《二十五史補編》，第三冊，頁3399～3413。
21. 高去尋，〈殷代大墓的墓室及其涵義之推測〉，《史語所集刊》，第三十九本，下冊，臺北：中研院史語所，民國58年10月，頁175～188。
22. 孫作雲，〈后羿傳說叢考——夏時蛇鳥豬鼈四部族之鬥爭〉，《中國上古史論文選集》，上冊，臺北：民國68年11月初版，頁449～518。
23. 郭少棠，〈徙戎平議〉，《新亞學術年刊》，第十三期，香港：新亞書院，1960年9月，頁264～299。
24. 張光直，〈考古學上所見漢代以前的北疆草原地帶〉，《史語所集刊》，第四十三本，臺北：中研院史語所，民國60年9月，頁277～301。
25. 張光直，〈殷商文明起源研究上的一個關鍵問題〉，《沈剛伯先生八秩榮慶論文集》，臺北：聯經出版事業公司，民國65年，頁151～169。
26. 張光直，〈從夏商周三代考古論三代關係與中國古代國家的形成〉，《屈萬里先生七秩榮慶論文集》，臺北：聯經出版事業公司，民國67年，頁280～360。
27. 張秉權，〈卜辭中所見殷商政治統一的力量及其達到的範圍〉，《史語所集刊》，第五十本第一分，臺北：中研院史語所，民國68年3月，頁175～229。
28. 傅斯年，〈致吳景超書〉（三），《傅斯年全集》，第七冊，臺北：聯經出版事業公司，民國69年，頁119～135。
29. 傅斯年，〈新獲卜辭寫本後記跋〉，《傅斯年全集》，第三冊，臺北：聯經出版事業公司，民國69年，頁223～269。
30. 傅斯年，〈夷夏東西說〉，《傅斯年全集》，第三冊，頁118。
31. 萬斯同，〈魏方鎮年表〉，《二十五史補編》，第二冊，頁2617～2624。
32. 萬斯同，〈晉方鎮年表〉，《二十五史補編》，第三冊，頁3385～3397。
33. 童疑，〈夷蠻戎狄與東南西北〉，《禹貢半月刊》，第七卷第十期，民國26

年 7 月 16 日，頁 11～17。
34. 傅樂成，〈西漢的幾個政治集團〉，《漢唐史論集》，臺北：聯經出版事業公司，民國 69 年 9 月初版，頁 1～35。
35. 嶋崎昌，〈匈奴的西域統治與兩漢的車師經略〉，《邊政研究所年報》，第二期，臺北：政治大學，民國 60 年 7 月，頁 1～18。
36. 楊聯陞著，邢義田譯，〈從歷史看中國的世界秩序〉，《食貨月刊》，復刊第二卷第二期，民國 61 年 5 月，頁 1～8。
37. 蒙文通，〈古代民族移徙考〉，《禹貢半月刊》，第七卷第六、七合期，民國 26 年 6 月，頁 13～18。
38. 趙林，〈商代的鬼方與匈奴〉，《國際中國邊疆學術會議論文集》，臺北：政治大學，民國 74 年 4 月，頁 263～281。
39. 管東貴，〈漢代的羌族〉（上、下篇），《食貨月刊》，復刊第一卷第一、二期，民國 60 年 4～5 月，上篇頁 15～20、下篇頁 87～97。
40. 管東貴，〈漢代處理羌族問題的辦法的檢討〉，《食貨月刊》，復刊第二卷第三期，民國 61 年 6 月，頁 129～154。
41. 管東貴，〈漢武帝時期扭轉北疆情勢的原因分析〉，《國際中國邊疆學術會議論文集》，臺北：政治大學，民國 74 年 4 月，頁 307～321。
42. 管東貴，〈漢代的屯田與開邊〉，《史語所集刊》，第四十五本第一分，臺北：中研院史語所，民國 62 年 10 月，頁 27～109。
43. 壽鵬飛，〈歷代長城考〉，《長城研究資料兩種》，臺北：明文書局，民國 71 年 10 月，頁 1～39。
44. 蔡學海，〈萬民歸宗——民族的構成與融合〉，《中國文化新論・根源篇》，臺北：聯經出版事業公司，民國 70 年 9 月，頁 125～176。
45. 蔡學海，〈西晉種族變亂析論〉，《國立編譯館館刊》，第十五卷第二期，臺北：國立編譯館，民國 75 年 12 月，頁 39～67。
46. 謝劍，〈匈奴政治制度的研究〉，《史語所集刊》，第四十一本第二分，臺北：中研院史語所，民國 58 年 6 月，頁 231～272。
47. 闞鎬曾，〈兩漢的羌患〉，《政治大學學報》，第十四期，臺北：政治大學，民國 55 年 12 月，頁 177～216。
48. 蕭啓慶，〈北亞民族南侵各種原因的檢討〉，《食貨月刊》，復刊第一卷第十二期，民國 61 年 3 月，頁 1～11。
49. 嚴一萍，〈卜辭四方風新義〉，《大陸雜誌語文叢書》，第一輯第三冊，臺北：大陸雜誌社，頁 255～261。
50. 嚴耕望，〈夏代都居與二里頭文化〉，《大陸雜誌》，第六十一卷第五期，臺北：大陸雜誌社，民國 69 年 11 月，頁 1～17。
51. 顧頡剛，〈畿服〉，《史林雜識初編》，臺北：坊印本，頁 1～19。

（三）地　圖

1. 程光裕、徐聖謨，《中國歷史地圖》，共二冊，臺北：中國文化大學，民國 73 年 10 月。
2. 張其昀，《中華民國地圖集》，第二冊，〈中亞大陸邊疆〉，臺北：國防研究院，民國 49 年 10 月。
3. 張其昀，《中華民國地圖集》，第三冊，〈中國北部〉，臺北：國防研究院，民國 50 年 10 月。
4. 楊守敬，《歷代輿地圖》，共十一冊，臺北：聯經出版事業公司。
5. 箭內亙，《中國歷史地圖》，臺北：九思出版社，民國 66 年 11 月第二次修定版。

（四）外　文

1. 田村實造，《中國征服王朝の研究》（中），日本：京都大學東洋史研究會，昭和 46 年 3 月初版。
2. 羽田亨，《羽田博士史學論文集》，二冊，京都：京都大學，昭和 39 年。
3. 內田吟風，《匈奴五部の狀勢に就て》，《史林》，第十九卷第二號，頁 49～73。
4. Chang, Kwang-Chih., *The Archaeology of Ancient China*. Yale University. Press, 1970.
5. Eberhard, W., *Conquerors and Rulers*.（臺北：宗青，民國 67 年 10 月，初版）
6. Lattimore, Owen., *Inner Asian Frontiers of China*. New York, Beacon Press, 1962.
7. Mcgovern, W. M., *The Early Empire of Central Asia*. The University of North Carolina Press, 1939.
8. Mcneill, W.H., *The Rise of the West*. The University of Chicago, 1963.
9. Wittfogel, Karl. A., and Feng Chia-Sheng., *History of Chinese Society: Liao*. Philadelphia: The Amercian Philosophical Society, 1949.

人名索引

八 劃

九 劃

十 劃

十一劃

十二劃

十三劃

十四劃